房屋建筑学

主　编　阮　景　许先锋　孙永庆
副主编　汤庆霞　白东丽　周智壮　张帅帅
参　编　王健健　丰会民　薛　颖　邱慧芳
　　　　张红霞　许朋举　李　霞　马　聪
　　　　王　玉

U0288174

北京理工大学出版社
BEIJING INSTITUTE OF TECHNOLOGY PRESS

内 容 提 要

    本书除绪论外共十章，主要内容包括建筑设计，建筑的分类、等级划分与模数协调，地基与基础，墙体，楼板地面、阳台和雨篷，门与窗，楼梯，屋顶，变形缝，绿色建筑与建筑节能等。

    本书文字简洁、叙述清楚，具有综合性、应用性和技能型的特色，可作为高等院校土木工程专业的教材，也可供从事建筑工程设计和施工的人员以及成人教育的师生参考。

图书在版编目（CIP）数据

房屋建筑学 / 阮景，许先锋，孙永庆主编.—北京：北京理工大学出版社，2016.2
ISBN 978-7-5682-1193-2

Ⅰ.①房…　Ⅱ.①阮…　②许…　③孙…　Ⅲ.①房屋建筑学－高等学校－教材　Ⅳ.①TU22

中国版本图书馆CIP数据核字(2015)第207162号

出版发行 / 北京理工大学出版社有限责任公司
社　　址 / 北京市海淀区中关村南大街5号
邮　　编 / 100081
电　　话 / (010)68914775(总编室)
　　　　　 82562903(教材售后服务热线)
　　　　　 68948351(其他图书服务热线)
网　　址 / http://www.bitpress.com.cn
经　　销 / 全国各地新华书店
印　　刷 / 北京紫瑞利印刷有限公司
开　　本 / 787毫米×1092毫米　1/16
印　　张 / 12.5　　　　　　　　　　　　　　　　　　责任编辑 / 张正萌
字　　数 / 279千字　　　　　　　　　　　　　　　　文案编辑 / 张正萌
版　　次 / 2016年2月第1版　2016年2月第1次印刷　　责任校对 / 周瑞红
定　　价 / 38.00元　　　　　　　　　　　　　　　　责任印制 / 边心超

图书出现印装质量问题，请拨打售后服务热线，本社负责调换

前　言

　　房屋建筑学是高等院校土木工程等相关专业的学生必须学习的专业基础课，是研究建筑各部分的组合原理、构造方法和建筑空间环境的设计原理的一门综合性课程。本教材以先进的教育教学理念和方法为指导，注重以就业为导向，以职业能力为本位，以岗位分析和具体工作过程为基础设计学习任务，体现工学结合的教育特色，认真总结土建类专业多年的教材建设经验，在编写时充分体现了去繁就简、适度、够用的原则和能力本位思想。本教材主要有以下特点。

　　（1）教材内容体系完整。教材内容的选择是根据我国现行建筑行业的最新政策、法规和规范，保证了教材与工程技术、专业发展的同步，取材恰当，体现了科学性、先进性和实用性的有机统一。书中利用大量的实例和图片，把抽象的内容反映出来，减少学习难度，增强本书可读性。书中还增加对建筑工程新构造技术的介绍，突出了新材料、新技术、新方法的运用，注意整体的逻辑性、连贯性。

　　（2）突出实用性。根据目前高等院校土木工程专业及相近的培养目标和相关课程的教学要求，结合教育教学改革的成果，在内容上本着应用为主的原则，将必要的专业理论知识和相应的实践案例相结合，提高学生分析问题和解决问题的能力。

　　（3）注重实践教学。为加强学生动手能力的培养，提高学生的职业技能，本教材特别增加实践性教学内容，在部分章节后安排小型课程设计。

　　本教材由阮景、许先锋、孙永庆担任主编，由汤庆霞、白东丽、周智壮、张帅帅担任副主编，王健健、丰会民、薛颖、邱慧芳、张红霞、许朋举、李霞、马聪、王玉参与了教材的部分编写工作。

　　本教材编写过程中参考了相关教材和资料，部分高等院校的老师提出了很多宝贵的意见供我们参考，在此表示衷心的感谢！尽管编者已做了很大努力，但限于编者的学识及专业水平和实践经验，书中难免有疏漏和不妥之处，恳请广大读者指正。

编　者

目录

绪　论

《房屋建筑学》是土木工程类专业人员了解和研究建筑设计的思路和过程、建筑物的构成和细部构造以及它们与其他相关专业，特别是与结构专业之间密切联系的一门专业基础学科，促使土木工程类专业人员达到一定的能力，既包括专业能力（建筑设计能力），又包括方法能力（自主学习能力及实际应用能力）。

第一节　课程定位

一、教学目标

(1)教学目的：理论与实际相结合，能独立完成简单建筑的平面图、立面图、剖面图设计。

(2)重点难点：民用建筑方案设计及施工图设计。

(3)技能要求：学生能运用建筑设计和构造的基本理论和方法，进行一般建筑的初步设计和施工图设计。

二、教学内容——实训流程

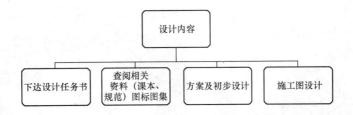

三、课程地位

1. 在专业课学习中起着承前启后的作用

《房屋建筑学》作为一门内容广泛的综合性学科，它涉及建筑功能、建筑艺术、环境规划、工程技术、工程经济等诸多方面的问题。同时，这些问题之间又因共存于一个系统中而相互关联、相互制约、相互影响。随着人类物质生活水平的不断提高以及社会整体技术力量的发展，特别是工程技术水平的不断发展，作为该系统中的各个层面都会不断发生变化，它们之间的相关关系也会随之发生变化。因此，在学习这门课程的过程中，应当带有系统的眼光和发展的眼光。

2. 前序及后序课程的主要内容

前序课程名称——为本课程提供的主要能力	后序课程名称——需要本课程提供的主要能力
①《建筑材料》——建筑构件的材料组成 ②《工程制图》——建筑工程图的识读	①《建筑概预算》——建筑构造的熟悉 ②《建筑设备工程》——建筑组成设备的组织 ③《钢筋混凝土结构》——建筑基本构件及其受力特点 ④《地基与基础》——地基种类和建筑基础及其受力特点 ⑤《砌体结构》——墙体的砌筑方式，梁柱的节点处理

第二节　建筑基础知识

一、建筑的概念

从广义上讲，建筑物既表示建筑工程的建造过程，又表示这种活动的成果。建筑也是一个总称，既包括建筑物，也包括构筑物。

1. 建筑物

(1)建筑物的概念。建筑物是指供人们生产生活或从事其他活动的空间场所。如学校、医院、办公楼、住宅、百货商场，厂房等。例如，人们能够在图书馆(图 0-1)里面借阅书，人们在建筑里面从事学习研究活动，故称为建筑物；演员在歌剧院(图 0-2)里面表演，观众在里面观看节目，都是在歌剧院里面进行的文化娱乐活动，故也称之为建筑物。

图 0-1　图书馆

图 0-2　悉尼歌剧院

(2)建筑物的组成。一幢建筑，一般是由基础、墙(或柱)、楼地层、楼梯、屋顶和门窗等六大部分组成的，如图 0-3 所示。

1)基础：基础是建筑物最下部的承重构件，其作用是承受建筑物的全部荷载，并将这些荷载传给地基。因此，基础必须具有足够的强度，并能抵御地下各种有害因素的侵蚀。

2)墙(或柱)：墙是建筑物的承重构件和围护构件。作为承重构件的墙，外墙的作用是

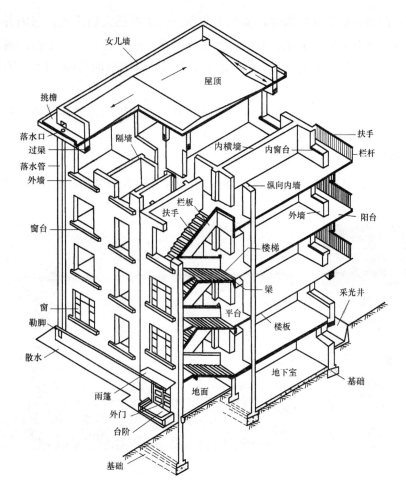

图 0-3　民用建筑的构成

抵御自然界各种因素对室内的侵袭，内墙主要起分隔空间及保证舒适环境的作用。在框架或排架结构的建筑物中，柱起承重作用，墙仅起围护作用。因此，要求墙体具有足够的强度、稳定性，保温、隔热、防水、防火、耐久及经济等性能。

3）楼板层和地坪：楼板是水平方向的承重构件，按房间层高将整幢建筑物沿水平方向分为若干层；楼板层承受家具、设备和人体荷载以及本身的自重，并将这些荷载传给墙或柱，同时对墙体起着水平支撑的作用。因此，要求楼板层应具有足够的强度、刚度和隔声、防潮、防水的性能。

地坪是底层房间与地基土层相接的构件，起承受底层房间荷载的作用。因此，要求地坪应具有耐磨、防潮、防水、防尘和保温的性能。

4）楼梯：楼梯是楼房建筑的垂直交通设施。供人们上下楼层和紧急疏散之用。故要求楼梯具有足够的通行能力，同时要求防滑、防火，能保证安全使用。

5）屋顶：屋顶是建筑物顶部的围护构件和承重构件。屋顶抵抗风、雨、雪、霜、冰雹等的侵袭和太阳辐射热的影响；又承受风雪荷载及施工、检修等屋顶荷载，并将这些荷载传给墙或柱。故屋顶应具有足够的强度、刚度、防水、保温、隔热等性能。

6)门窗：门窗均属非承重构件，也称为配件。门主要供人们出入，起内外交通和分隔房间之用；窗主要起通风、采光、分隔、眺望等围护作用。处于外墙上的门窗同时又是围护构件的一部分，要满足热工及防水的要求；某些有特殊要求的房间，门、窗应具有保温、隔声、防火的能力。

一幢建筑物除上述六大基本组成部分以外，对不同使用功能的建筑物，还有许多特有的构件和配件，如阳台、雨篷、台阶、排烟道等。

2. 构筑物

人们不能直接在其内部进行生产、生活的工程设施称为构筑物，如桥梁、烟囱（图0-4）、水塔（图0-5）、水坝等。

图 0-4　烟囱　　　　　　　　　　　　　　图 0-5　水塔

二、建筑设计

建筑是人为创造的空间环境，任何空间都具有三度性；建筑设计常用平面、立面、剖面三个不同投影来表达，三者关系密切联系而又互相制约。平面设计是关键，所有方案设计都是从平面着手。但是在平面设计中，不能孤立地考虑平面问题，而要把平面设计与建筑整体空间组合关系联系起来考虑，紧密联系建筑剖面和立面，认真分析，反复推敲，才能完成一个好的建筑设计。

三、建筑的构成要素

"适用、安全、经济、节能，美观"是我国的建筑方针，这就构成了建筑的三大基本要素——建筑功能、建筑技术和建筑形象。

1. 建筑功能——起主导作用

建筑功能即建造房屋的目的，是建筑物在生产和生活中的具体使用要求。

建筑功能随着社会的发展而发展，从简单低矮的巢居到栉次鳞比的高层或超高层建筑；从落后的手工作坊到先进的自动化厂房，建筑的功能越来越复杂多样，人类对建筑功能的要求也日益提高。

　　不同的功能要求需要设计不同的建筑类型，如生产性建筑、居住建筑、公共建筑等。例如，餐厅[图 0-6(a)]是满足就餐的需要；啤酒厂[图 0-6(b)]24 小时不停机生产是满足流水线的需要；宿舍[图 0-6(c)]是满足住宿的需要。

(a)　　　　　　　　　　(b)　　　　　　　　　　(c)

图 0-6　各种建筑

(a)餐厅；(b)啤酒厂；(c)宿舍

2. 建筑技术

　　建筑技术包括材料、技术、结构、设备和施工等。建筑材料是建筑的物质基础；先进的技术和设备，有助于建筑功能的实现；建筑结构和建筑材料构成建筑的骨架。建筑设备是建造房屋必需的技术条件；建筑施工是实现建筑生产的过程和方法。

　　结构是建筑的骨架，同造型密切相关。结构形式在很大程度上决定建筑的空间体量和形式。建筑一方面受结构的制约，另一方面随功能的发展而创造出新的空间类型，促进结构形式的发展。在设计中选择结构方案时，首先要考虑结构的形式应能满足使用功能对建筑空间大小和层数高低的要求；同时还要考虑技术的经济与合理。此外，还须根据当地材料供应和施工条件、技术水平等选择结构形式。不同建筑结构施工如图 0-7 所示。

图 0-7　不同建筑结构施工示意图

设备主要有供暖、通风、空气调节、给水排水和电气照明等设备。现代建筑设备技术不断提高，既为满足建筑功能要求提供条件，也使建筑设计工作日趋复杂。建筑设备需要有相应的用房和构造措施，因此，设备的装设与空间组合、结构布置、建筑构造和装修等有密切的关系，设计中应做出统一安排，甚至要有专门的设备层。

3. 建筑形象

建筑形象的塑造既要遵循美观的原则，还应根据建筑的使用功能和性质，全面综合地考虑建筑所在地的自然条件、地域文化、经济水平和建筑技术手段。完美的建筑艺术形象是内部空间合乎逻辑的反映，而内部空间又是借助于物质实体来围合的。因此，建筑形式除了遵循建筑形式美的法则之外，还要追求空间和技术的表现，反复推敲以下一些主要因素。

(1)造型。完美的建筑造型在于均衡稳定的体量、良好的比例和合适的尺度。总体布局、平面布置、空间组合、室内设计、细部装修等都要充分地考虑建筑功能、材料、结构、技术等进行符合体量、比例、尺度、质感、色彩等规律的处理，以求得建筑造型上变化与统一的结合。

(2)特性。建筑的特性取决于建筑的性质和内容，建筑的功能要求在很大程度上决定了其外形的基本特征。建筑形式要有意识地表现这些内容所决定的外部特征。例如：学校建筑(图 0-8)教室连排，窗户宽大明亮；商业建筑(图 0-9)多用大面积展示橱窗和引人注目的装修；居住建筑(图 0-10)外墙上阳台形式多样，富于生活气息。

图 0-8　学校建筑

(3)民族风格和地方特色。建筑常因不同地区、不同民族而反映出不同的风格。在探索建筑现代化的同时，还须考虑本地区的材料、结构、技术和民族的风俗、习惯、传统及经济条件，创造出富有民族特点和地方特色的新形式。西藏布达拉宫如图 0-11 所示。

(4)影响建筑形象的因素。影响建筑形象的因素包括建筑功能、体量、组合形式、立面构图、细部处理、建筑装饰材料的色彩、质感、光影效果等。

建筑功能往往对建筑的平面构成和形象产生决定性的影响。建筑功能不同，那么其平面构成就不同，产生的外面形象也不同。

图 0-9　商业建筑

图 0-10　居住建筑

图 0-11　西藏布达拉宫

处理手法不同，可给人或庄重宏伟或简洁明快或轻快活泼的视觉效果。如印度泰姬玛哈陵、东京代代木体育馆、北京鸟巢(图 0-12)、马来西亚双子塔，流水别墅等。

完美的建筑形象甚至是国家象征或历史片段的反映。如埃及金字塔(图 0-13)、北京故宫建筑群、印度泰姬马哈陵(图 0-14)等。

图 0-12　北京鸟巢

图 0-13　埃及金字塔

图 0-14　印度泰姬马哈陵

　　在建筑的构成要素中，建筑功能属于主导要素；建筑技术是实现建筑功能及形象的技术手段；建筑形象则是建筑功能、技术的外在表现，具有艺术性。因此，同样的设计要求、同样的建筑材料和结构体系，也可创造完全不同的建筑形象，产生不同的美学效果，而优秀的建筑作品是三者的辩证统一。

四、建筑节能

　　建筑节能主要包括太阳能及风能的利用、中水回用，种植屋面以及建筑保温节能、节能门窗等。

　　(1)太阳能的利用。如太阳能光伏发电、太阳能热发电，以及太阳能热水器和太阳房、太阳能空调等利用方式。

　　(2)风能的利用。风能是一种清洁、安全、可再生的绿色能源，风能的利用对环境无污染，对生态无破坏，环保效益和生态效益良好。

　　(3)中水回用。"中水"一词是相对于上水(给水)、下水(排水)而言的。中水回用技术是指将小区居民生活废(污)水(包括沐浴、盥洗、洗衣、厨房、厕所等)集中处理后，达到一定的标准回用于小区的绿化浇灌、车辆冲洗、道路冲洗、家庭坐便器冲洗等，从而达到节约用水的目的。

（4）种植屋面。在建筑屋面和地下工程顶板的防水层上铺以种植土，并种植植物，使其起到防水、保温、隔热和生态环保作用的屋面称为种植屋面；如图0-15所示。

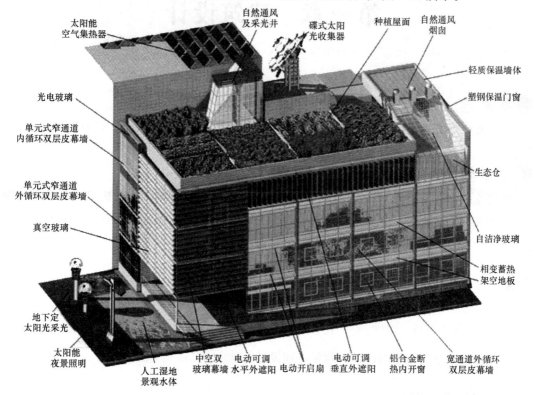

图 0-15　种植屋面的构成

种植屋面的分类如下：

1）简单式种植屋面。仅以地被植物和低矮灌木绿化的屋面。

2）花园式种植屋面。以乔木、灌木和地被植物绿化，并设有亭台、园路、园林小品和水池、小溪等，可提供人们进行休闲活动的屋面。

📁 ➤ 复习思考题

1. 什么是建筑？

2. 建筑的构成要素有哪些？

3. 建筑物是由那些构件和配件组成的？

第一章　建筑设计

◎本章重点◎

建筑总体平面设计；建筑结构类型及设备管线；建筑平面组合设计；建筑剖面设计。

◎学习目标◎

了解基地与总平面的关系及影响，了解建筑物的朝向和间距。熟悉民用建筑结构类型及设备管线。掌握建筑平面组合设计的功能要求和组合形式，建筑剖面设计及体型、立面设计。

第一节　平面设计

平面设计包括总体平面设计与建筑平面设计。

一、总体平面设计

从全局观点出发综合考虑预想中建筑物室内室外空间的各种因素，做出总体安排，使建筑物内在功能要求与外界条件彼此协调，有机结合。建筑群中的单体建筑设计应在总体构思的原则指导下进行，并受总体布局的制约。因此，设计构思应遵循"由外到内"和"由内到外"的原则。先从总体布局着手，根据外界条件，解决全局性的问题，然后进行单体建筑设计中各种空间的组合。在这个过程中使单体建筑设计在体型、体量、层数、建筑形式、色彩、朝向、日照、交通等方面同总体布局及周围环境相协调，并在单体建筑设计趋于成熟时，再进行调整和确定总体布局；如图1-1所示。

在总体设计构思中，既要考虑使用功能、结构、经济和美观节能等内在因素，也要考虑当地的历史、文化背景、城市规划要求、周围环境、基地条件等外界因素。如建筑物的入口方位、内外交通的组织方式、体型高低大小的确定、建筑物各个部分的配置、建筑形象与周围环境的协调等一系列基本问题都要考虑外界因素；如图1-2所示。

(一)基地与总平面的关系

1. 基地的大小、形状和道路布置

基地的大小和形状直接影响建筑平面布局、外轮廓形状和尺寸。基地内的道路布置及人流方向是确定出入口和门厅平面位置的主要因素。因此，在平面组合设计中，应密切结

图 1-1　某住宅小区总体布局

图 1-2　某生物研发中心建筑总体布局

合基地的大小、形状和道路布置等外在条件，使建筑平面布置的形式、外轮廓形状和尺寸以及出入口的位置等符合城市总体规划的要求；如图 1-3 所示。

2. 基地的地形条件

基地地形若为坡地时，则应将建筑平面组合与地面高差结合起来，以减少土方量调配，而且可以造成富于变化的内部空间和外部形式。

坡地建筑的布置方式有以下两种。

(1)地面坡度在 25% 以上时，建筑物适宜平行于等高线布置。

(2)地面坡度在 25% 以下时，建筑物应结合朝向要求布置。

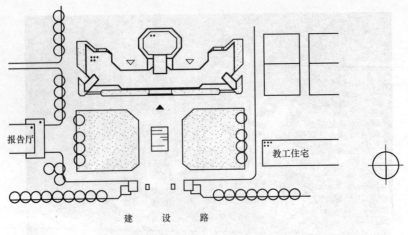

報告廳

教工住宅

建　设　路

图 1-3　某大学附中教学楼总平面图

(二)基地环境对建筑总平面的影响

1. 基地的性质、位置、大小、形状和道路布置

基地的性质、位置、大小、形状和道路布置直接影响用地总体的建筑平面布局、外轮廓形状和尺寸。建设用地性质应符合城市总体规划、建设用地的控制性详细规划及土地利用总体规划规定的用地范围及性质。建设用地性质决定建筑功能、规模、布局及基地内的道路布置及人流方向。

基地内的道路布置及人流方向是确定出入口和门厅平面位置的主要因素。因此，在平面组合设计中，应密切结合基地的性质、大小、形状及道路布置等外在条件，使建筑平面布置形式、外轮廓形状和尺寸以及出入口的位置等符合总体规划及控制性详细规划的要求。

2. 建筑的高度、容积率、建筑密度和绿地率

建筑的高度应符合城市控制性详细规划，高度控制方案及微波通道，机场净空控制，满足退后用地边界线，维护相邻用地空间权益，与周围建筑应满足建筑间距的要求。

建筑容积率应符合控制性详细规划的要求；建筑密度应符合控制性详细规划的要求；绿地率应符合城市绿化条例及控制性详细规划的要求；应按规定保证消防间距和防火通道。

3. 建筑与环境的关系

根据《民用建筑设计通则》(GB 50352—2005)的规定，建筑与环境的关系应符合下列要求：

(1)建筑基地应选择在无地质灾害或洪水淹没等危险的安全地段。

(2)建筑总体布局应结合当地的自然与地理环境特征，不应破坏自然生态环境。

(3)建筑物周围应具有能获得日照、天然采光、自然通风等的卫生条件。

(4)建筑物周围环境的空气、土壤、水体等不应构成对人体的危害，确保卫生安全的环境。

(5)对建筑物使用过程中产生的垃圾、废气、废水等废弃物应进行处理，并应对噪声、眩光等进行有效的控制，不应引起公害。

(6)建筑整体造型与色彩处理应与周围环境协调。

(7)建筑基地应做绿化、美化环境设计，完善室外环境设施。

(三)建筑物的朝向和间距

1. 朝向

(1)日照。我国大部分地区处于夏季热、冬季冷的状况。为保证室内冬暖夏凉的效果，建筑物的朝向应为南向，南偏东或偏西少许角度(15°)。在严寒地区，由于冬季时间长、夏季不太热，应争取日照，建筑朝向以东、南、西为宜。

(2)通风。根据当地的气候特点及夏季或冬季的主导风向，适当调整建筑物的朝向，使夏季可获得良好的自然通风条件，而冬季又可避免寒风的侵袭。

(3)基地环境。对于人流集中的公共建筑，房屋朝向应主要考虑人流走向、道路位置和邻近建筑的关系，对于风景区建筑，则应以创造优美的景观作为考虑朝向的主要因素。

2. 间距

影响建筑物间距的主要因素有以下几个方面：

(1)日照间距。日照间距是指前后两排房屋之间，根据日照时间要求所确定的距离。日照间距通常是确定建筑物间距的主要因素。建筑物的日照间距如图 1-4 所示。

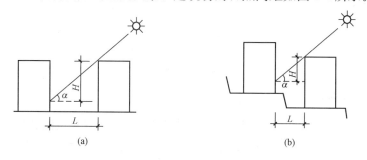

图 1-4　建筑物的日照间距

(a)平地；(b)向阳坡

日照间距的计算公式为：

$$L = \frac{H}{\tan\alpha}$$

式中　L——房屋水平间距；

　　　H——南向前排房屋檐口至后排房屋底层窗台的垂直高度；

　　　α——当房屋正南向时冬至日正午的太阳高度角。

我国大部分地区日照间距约为$(1.0\sim1.7)H$。越往南日照间距越小，越往北则日照间距越大，这是因为太阳高度角在我国南方要大于北方的原因。

(2)防火间距。防火间距是建筑物之间防火疏散要求的距离。防火间距应符合《建筑设计防火规范》(GB 50016—2014)的有关规定，一、二级耐火等级的多层民用建筑之间的防火间距不应小于 6 m；一、二级耐火等级的多层民用建筑与高层民用建筑之间的防火间距不应小于 9 m；一、二级耐火等级的高层民用建筑之间的防火间距不应小于 13 m。

（3）建筑物的使用性质。如图 1-5 所示，某学校建筑中，两排教室长边相对时，其间距不应小于 25 m。

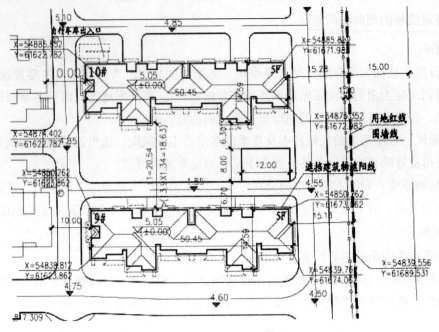

图 1-5　某学校总平面图

二、建筑平面设计

民用建筑按其空间的使用性质可分为主要功能空间、交通联系空间和其他空间共三部分。

（1）主要功能空间是指各类建筑物中的主要功能房间和辅助房间。

（2）交通联系空间是指用于联系房间与房间之间、楼层之间和房间内外之间的通行部分，例如走廊、楼梯、门厅等。

（3）其他空间是指一些阳台、露台等空间。

民用建筑平面设计的主要内容包括：主要功能房间的平面设计、平面空间设计、交通联系空间设计以及辅助空间设计。

主要功能房间设计是在整体建筑合理而适用的基础上，确定房间的面积、形状、尺寸以及门窗的大小和位置。

1. 主要功能房间的平面设计

（1）房间的面积组成。房间的面积由家具设备占用的面积、人们使用活动所需的面积和房间内部的交通面积共三部分组成，如图 1-6 所示。

（2）房间的面积确定。房间内部使用人数的多少、房间的使用活动特点和家具设备的配置是确定房间面积应主要考虑的因素。

在进行设计时，主要是根据有关建筑设计规范规定的面积定额指标和使用人数的多少，结合工程实际情况来确定房间的面积。

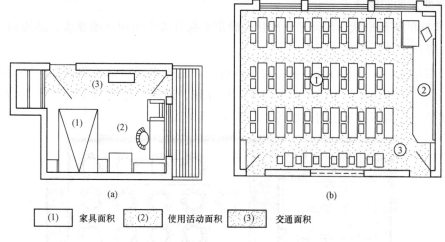

| (1) | 家具面积 | (2) | 使用活动面积 | (3) | 交通面积 |

图 1-6　某住宅卧室和教室面积的分析

(a)卧室面积分析；(b)教室面积分析

影响房间面积大小的因素主要有以下两个方面：

1)家具设备及人们使用活动面积(图 1-7)。

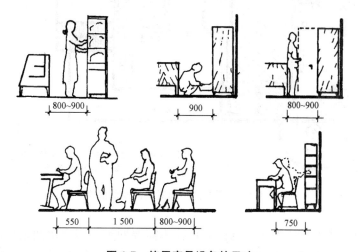

图 1-7　使用家具设备的尺寸

2)使用房间的人数及使用特点(表 1-1)。

表 1-1　部分民用建筑房间面积定额参考指标

建筑类型	房间名称	面积定额 /(m² · 人⁻¹)	备　注
中小学校	普通教室	1～1.2	小学取低限
办公楼	一般办公室	3.5	不包括走道
铁路旅客车站	会议室	0.5	无会议桌
图书馆	普通候车室	2.3	有会议桌

2. 平面空间的设计

(1)房间的平面形状。房间平面形状的确定应综合考虑使用功能要求、结构和施工等技术条件、经济条件、美观等因素。

在民用建筑中,一般功能要求的大量性房间,其平面形状常采用矩形,如学校中的普通教室,住宅中的居室,旅馆中的客房等,其开间、进深的比例以 1:1.2~1:1.5 为宜,方形或狭长矩形均不利于使用;如图1-8所示。

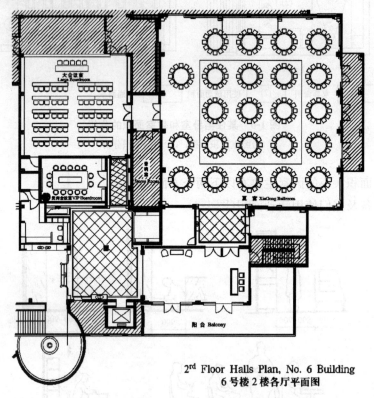

2rd Floor Halls Plan, No. 6 Building
6号楼2楼各厅平面图

图1-8 使用功能不同对房间功能的影响

对于某些功能上有特殊要求的房间,往往不需要同类的多个房间进行组合,为满足功能要求,房间平面有可能采用多种不同的形状。如影剧院的观众厅有矩形、钟形、扇形、六角形等(图1-9)。

(2)房间的平面尺寸。对于民用建筑中常用的矩形平面来说,房间的平面尺寸是指房间的开间和进深。开间亦称面宽,是指房间沿建筑外立面上所占宽度尺寸。房间进深是指垂直于开间的房间深度尺寸。开间和进深是房间两个方向的轴线间的距离。

确定房间的平面尺寸,主要应考虑以下几个方面的要求:

1)考虑使用者室内使用活动的特点,满足房间使用功能要求。

2)与家具及设备的尺寸相配合,便于家具设备的布置,并保证使用者活动所需尺寸(图1-10)。

3)满足采光、通风等室内环境的要求。对于有天然采光要求的房间,其深度常受采光限制,必需满足设计规范中窗地比及房间照度的要求,一般单侧采光的房间深度不大于窗

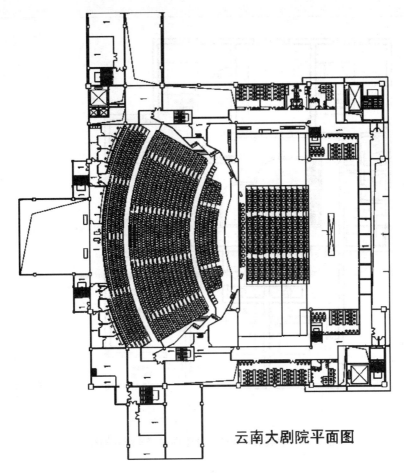

云南大剧院平面图

图 1-9　使用功能不同对房间形状的影响

上口离地面高度的两倍，双侧采光的房间深度可增大一倍，即不大于窗上口离地面高度的 4 倍。

4)考虑结构布置的经济合理性，并符合《建筑模数协调标准》(GB/T 50002—2013)的规定。在梁板式的墙承重结构和框架结构中，通常板较经济的跨度为 2.4~4.2 m，梁较经济的跨度为 5~9 m。民用建筑中房间的开间和进深一般以 3M 为模数。

5)考虑房间的长宽比例，给人以正常的视觉感受。房间的长宽比一般为(1∶1~1∶2)。

(3)房间门的布置。门的主要作用是联系和分隔室内外空间，有时也兼起通风、采光的作用。在建筑平面设计中，主要应解决门的宽度、数量、位置和开启方式等问题。门的数量、宽度及位置都要满足使用及防火疏散要求。

1)门的宽度。建筑平面图中所标注的门宽是指门洞口的宽度，门宽不超过 1 m 时宜以 1M 为模数，超过 1 m 时宜以 3M 为模数。

门的通行宽度指门的净宽，即两侧门框内缘之间的水平距离。

门的宽度主要取决于人流量和房间功能，家具设备的尺寸以及防火要求等因素。

一股人流通行所需的宽度一般不小于 550 mm；两股人流通行时不小于 1 100 mm；三股人流通行时不小于 1 650 mm。

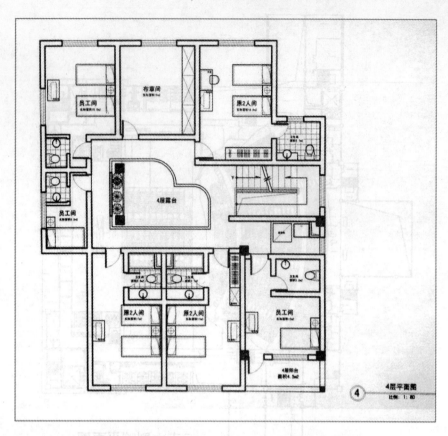

图 1-10　家具及设备的尺寸不同对房间形状的影响

　　对通行人数不多的居住建筑房间门宽可按单股人流考虑，门的宽度一般为 700 mm、800 mm、900 mm 或 1 000 mm；通行人数较多时，可按两股人流确定门的宽度，一般为 1 200 mm 或 1 500 mm；通行人数很多时，可按三股或三股以上人流确定门的宽度，一般不小于 1 800 mm。

　　有大量人流出入的房间，如体育馆、影剧院和礼堂中的观众厅，门的总宽度应按《建筑设计防火规范》(GB 50016—2014)中的有关规定，通过计算确定。

　　为便于开启，门扇的宽度通常在 1 000 mm 以内。门的宽度不超过 1 000 mm 时，一般采用单扇门；门的宽度为 1 200～1 800 mm 时，一般采用双扇门；超过 1 800 mm 时，一般不少于四扇门(图 1-11)。

　　房间门的宽度一般规定如下：

　　①住宅中卧室门、起居室门及户门的宽度不应小于 900 mm，阳台门、卫生间门和厨房门的宽度不应小于 700 mm。

　　②中小学校建筑中普通教室门的宽度不应小于 1 000 mm，合班教室门的宽度不应小于 1 500 mm。

　　③影剧院中观众厅门的净宽不应小于 1 400 mm。

　　④办公楼中办公室门(图 1-12)的宽度不应小于 1 000 mm。

⑤医院中病房门(图 1-13)的净宽不应小于 1 100 mm。

图 1-11　办公楼外门

图 1-12　办公楼中办公室门

图 1-13　医院中病房门

2)门的数量。门的数量是根据防火疏散和使用功能的要求、依据使用人数的多少、人流活动的特点等因素通过计算确定的。根据《建筑设计防火规范》(GB 50016－2014)规定,公共建筑内房间的疏散门数量应经计算确定且不应少于 2 个。除托儿所、幼儿园、老年人建筑、医疗建筑、教学建筑内位于走道尽端的房间外,符合下述条件之一的房间可设置一个疏散门。

①位于两个安全出口之间或袋形走道两侧的房间,对于托儿所、幼儿园、老年人建筑,建筑面积不大于 50 m²;对于医疗建筑、教学建筑,建筑面积不大于 75 m²;对于其他建筑或场所,建筑面积不大于 120 m²。

②位于走道尽端的房间,建筑面积小于 50 m² 且疏散门的净宽度不小于 900 mm,或由房间内任一点至疏散门的直线距离不大于 15 m、建筑面积不大于 200 m² 且疏散门的净宽度不小于 1 400 mm。

③歌舞娱乐放映游艺场所内建筑面积不大于 50 m² 且经常停留人数不超过 15 人的厅、室。

剧场、电影院、礼堂和体育馆的观众厅(图 1-14)或多功能厅,其疏散门的数量应经计算确定且不应少于 2 个。对于剧场、电影院、礼堂的观众厅或多功能厅,每个疏散门的平均疏散人数不应超过 250 人;当容纳人数超过 2 000 人时,其超过 2 000 人的部分,每个疏散门的平均疏散人数不应超过 400 人。对于体育馆的观众厅,每个疏散门的平均疏散人数不宜超过 400 人~700 人。

图 1-14 剧场观众厅的疏散门

3)门的位置。确定门的位置应主要考虑以下因素:

①考虑室内功能的要求及家具、设备布置(图 1-15)。房间门的数量少时,为了留有较完整的墙面布置家具设备,门常设在端部。但宿舍的门常设在中间,以便布置多张床位。

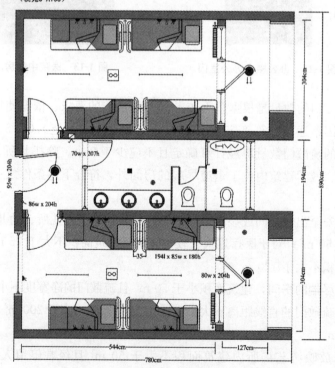

图 1-15 家具、设备的尺寸不同对房间门位置的影响

②使用者的交通流线尽量简捷，减少房间内的交通面积。房间门的数量超过一个时，门与门之间就有可能成为内部交通的连接点。确定门的位置时，应尽量缩短门与门之间的距离，使交通流线简捷，以利家具布置。

③便于通行，有利于安全疏散。人流量大的房间，如影剧院的观众厅，门应布置在人行过道的尽端，并尽量均匀设置，便于紧急状态下人流的疏散。

④直通疏散走道的房间疏散门至最近安全出口的直线距离不应大于表1-2的规定。

表1-2　直通疏散走道的房间疏散门至最近安全出口的直线距离　　　　　m

名称			位于两个安全出口之间的疏散门			位于袋形走道两侧或尽端的疏散门		
			一、二级	三级	四级	一、二级	三级	四级
托儿所、幼儿园、老年人建筑			25	20	15	20	15	20
歌舞娱乐放映游艺场所			25	20	15	9	—	—
医疗建筑	单、多层		35	30	25	20	15	10
	高层	病房部分	24	—	—	12	—	—
		其他部分	30	—	—	15	—	—
教学建筑	单、多层		35	30	25	22	20	10
	高层		30	—	—	15	—	—
高层旅馆、公寓、展览建筑			30	—	—	15	—	—
其他建筑	单、多层		40	35	25	22	20	15
	高层		40	—	—	20	—	—

注：1. 建筑内开向敞开式外廊的房间疏散门至最近安全出口的直线距离可按本表的规定增加5 m。
　　2. 直通疏散走道的房间疏散门至最近敞开楼梯间的直线距离，当房间位于两个楼梯间之间时，应按本表的规定减少5 m；当房间位于袋形走道两侧或尽端时，应按本表的规定减少2 m。
　　3. 建筑物内全部设置自动喷水灭火系统时，其安全疏散距离可按本表的规定增加25%。

4)门的开启方式。门的开启方式，一般应考虑人流通行便捷、节省面积、安全疏散等因素。

门开启时要占据一定的空间位置，为避免妨碍门外走道的通行宽度或其他空间的使用，一般房间门宜向内开启，如普通教室、办公室、居室、客房、病房等房间的门多采用内开。使用人数较多、面积较大的公共活动用房，如观众厅、候车厅、营业厅等，为便于人流安全疏散，门应向外开启。当几个门集中布置在一起时，应防止门扇开启时相互碰撞及阻碍交通。

(4)房间窗的设置。窗的主要作用是采光和通风，同时也起围护、分隔和观望的作用。建筑平面设计中，主要解决窗的面积大小和位置等问题。

1)窗的面积大小。确定窗的面积应主要考虑以下几个方面：

①满足采光要求。窗的面积大小主要取决于室内的采光要求、房间的面积和当地的日照条件等。不同使用性质的房间对采光要求不同，设计时，常采用采光面积比或窗地面积比来初步确定窗的面积大小。窗地比是指窗洞口面积与房间地面面积之比。窗在离地面高度 0.5 m 以下的部分不应计入有效采光面积，窗上部有宽度超过 1 m 以上的外廊、阳台等遮挡物时，其有效采光面积可按窗面积的 70% 计算。

②满足通风要求。如居住用房的通风开口面积不应小于房间地面面积的 1/20，炎热地区，为取得较好的通风效果，可适当加大窗的面积。

部分房间的采光窗地面积比见表 1-3。

表 1-3　部分房间的采光窗地面积比

等级	采光要求	要求识别的最小尺寸/mm	房间类型	窗地面积比
I	很高	<0.2	绘图室、制图室、打字室、手术室、展览室	1/4 左右
II	较高	0.2~1	阅览室、健身房、游泳馆、实验室、托幼室	1/5 左右
III	一般	1~10	礼堂、教室、办公室、餐厅、营业厅、候车室	1/7 左右
IV	较低	>10	书库、居室、浴室、厕所、洗衣室	1/9 左右
V	很低	不作规定	楼梯间、走道、仓库、储藏间	1/10 以下

③满足节能要求。关于不同朝向外墙窗子面积与墙面积比值：北面窗 0.25，东、西向窗 0.30，南向窗 0.35。这一标准规定，让建筑设计人员在立面设计时，考虑节能对窗子大小面积的限值。例如：北面窗户对于开间为 3.3 m，层高为 2.8 m 的墙面，窗墙面积比 ≤0.25 时，窗户面积为 1.5 m×1.5 m。这种大小的窗户在通常设计时，较为合适，如果根据建筑实际需要开大窗时，应采取相应的构造措施，如中窗玻璃、气密性等级的要求。

2)窗的位置。窗的位置应综合采光、通风、立面处理和结构等因素来确定。

①窗的位置应使房间的光线均匀，避免产生暗角和眩光，并应注意光线的方向。如图 1-16 所示，某学校的教室要求左侧采光，单侧采光时，窗应布置在学生的左边。艺术馆的展示厅室应避免眩光，并应根据展品的特征，确定光线投射角。

图 1-16　某教室左侧采光

②窗的位置应尽量使室内获得良好的通风效果。通常窗与门或窗与窗采用对面直通布置，以便组织穿堂风，使室内空气流动通畅。

③窗的位置应考虑立面造型的效果。窗是建筑立面上的主要配件，为求得立面上的协调统一，在满足采光和通风要求的基础上，可对窗的位置做适当的调整。

④窗的位置还应考虑结构的可行性和合理性。在墙承重的建筑中，窗的位置应避开有梁的地方，窗间墙应有一定的宽度，以满足结构要求。

3. 交通联系空间的平面设计

(1)水平交通空间的平面设计。

1)走道(走廊)。凡走道的一侧或两侧是空旷的则称为廊，如图 1-17 和图 1-18 所示。

图 1-17　剧院带包厢的走廊

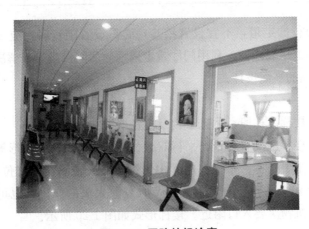

图 1-18　医院的候诊廊

走道宽度的确定，应符合功能，防火、疏散的要求。

高层建筑内走道的净宽，应按通过人数每 100 人不小于 1.00 m 计算。

①设计走道宽度，应根据建筑物的耐火等级、层数和走道功能及通行人数的多少，进行防火要求最小宽度的校核(表 1-4)。

表 1-4　楼梯、门和走道的宽度　　　　　　　　　　　　　　　　　　　　　m/百人

层数 ＼ 耐火等级	一、二级	三级	四级
一、二层	0.65	0.75	1.00
三层	0.75	1.00	—
＞三层	1.00	1.25	—

注：底层外门和每层楼梯的总宽度，按该层或该层以上人数最多的一层计算。不供楼上人员疏散用的外门，按一层指标计算。

②一般民用建筑走道两侧布置房间时的走道宽度，见表 1-5。

表 1-5　一般民用建筑走道两侧布置房间时的走道宽度

建筑类别	常用宽度/m	建筑类别	常用宽度/m
住　宅	1.2～1.5	病　房	2.0～2.7
宿　舍	1.5～2.4	学　校	2.1～3.0
旅　馆	1.5～2.1	门诊部	2.4～3.0
办公楼	2.1～2.4		

对于大量人流通行的走道，不宜设置踏步，必需设置踏步时，应多于三步或做坡道。内走道一般是通过走道尽端开窗，利用门厅或走道两侧房间设高窗来解决采光问题。

(2)垂直交通空间的平面设计。

1)楼梯。

①楼梯的组成。楼梯由梯段、休息平台及栏杆扶手共三部分组成。

②楼梯的形式。楼梯主要有直跑、平行双跑、三跑、剪刀式、弧形等形式(图 1-19)。

③楼梯的位置。主要楼梯常布置在门厅中位置明显或较明显的部位，成为视线的焦点可丰富门厅空间且具有明显的导向性，起到及时分散人流的作用，也可增加大厅的气氛；次要楼梯常布置在建筑物次要入口附近。楼梯形式如图 1-20 所示。

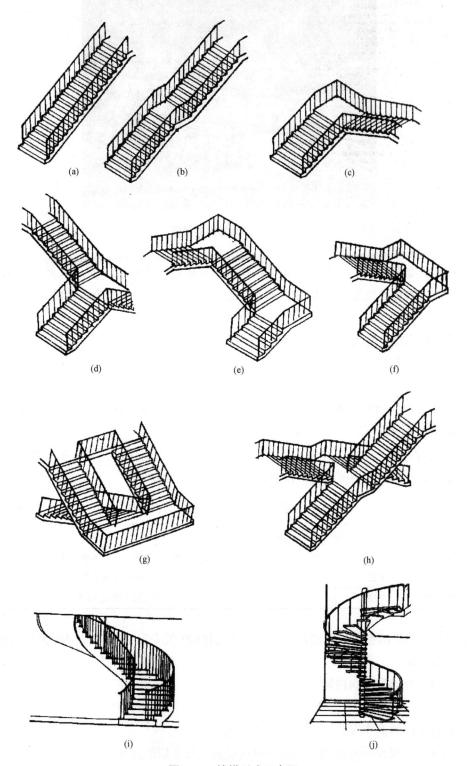

图 1-19 楼梯形式示意图

(a)直跑楼梯(单跑)；(b)直跑楼梯(双跑)；(c)折角楼梯；(d)双分折角楼梯；

(e)三跑楼梯；(f)双跑楼梯；(g)双分平行楼梯；(h)剪刀楼梯；(i)弧形楼梯；(j)黏绞楼梯

图 1-20　大堂内的楼梯

④楼梯的宽度和数量。楼梯的宽度和数量主要根据使用性质、使用人数和防火规范来确定。楼梯的数量、位置、宽度和楼梯间形式应满足使用方便和安全疏散的要求。

《建筑设计防火规范》(GB 50016—2014)规定：

公共建筑内每个防火分区或一个防火分区内的每个楼层，其安全出口的数量应经计算确定，且不应少于 2 个。当符合下列条件之一的公共建筑，可设置一个安全出口或一部疏散楼梯。

a. 除托儿所、幼儿园外，建筑面积不大于 200 m² 且人数不超过 50 人的单层公共建筑或多层公共建筑的首层。

b. 除医疗建筑，老年人建筑，托儿所、幼儿园的儿童用房，儿童游乐厅等儿童活动场所和歌舞娱乐放映游艺场所等外，符合表 1-6 规定的公共建筑。

表 1-6　可设置 1 部疏散楼梯的公共建筑

耐火等级	最多层数	每层最大建筑面积/m²	人　　数
一、二级	3 层	200	第二层和第三层的人数之和不超过 50 人
三级	3 层	200	第二层和第三层的人数之和不超过 25 人
四级	2 层	200	第二层人数不超过 15 人

下列公共建筑的室内疏散楼梯应采用封闭楼梯间(图 1-21)(包括首层扩大封闭楼梯间)或室外疏散楼梯：

a. 医院、疗养院的病房楼；

b. 旅馆；

c. 超过 2 层的商店等人员密集的公共建筑；

d. 设置有歌舞娱乐放映游艺场所且建筑层数超过 2 层的建筑；

e. 超过 5 层的其他公共建筑。

《民用建筑设计通则》(GB 50352—2005)中规定：墙面至扶手中心线或扶手中心线之间的水平距离即楼梯梯段宽度除应符合防火规范的规定外，供日常主要交通用的楼梯的梯段

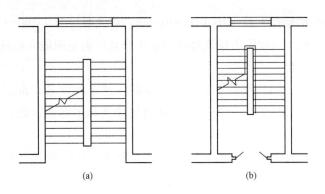

图 1-21　楼梯间

(a)开敞楼梯间；(b)封闭楼梯间

宽度应根据建筑物使用特征，按每股人流为 $0.55+(0\sim0.15)$m 的人流股数确定，并应不少于两股人流。$0\sim0.15$ m 为人流在行进中人体的摆幅，公共建筑人流众多的场所应取上限值。

梯段改变方向时，扶手转向端处的平台最小宽度不应小于梯段宽度，并不得小于 1.20 m，当有搬运大型物件需要时应适量加宽。

每个梯段的踏步不应超过 18 级，亦不应少于 3 级。

楼梯平台上部及下部过道处的净高不应小于 2 m，梯段净高不宜小于 2.20 m。

注：梯段净高为自踏步前缘(包括最低和最高一级踏步前缘线以外 0.30 m 范围内)量至上方突出物下缘间的垂直高度。

楼梯应至少于一侧设扶手，梯段净宽达三股人流时应两侧设扶手，达四股人流时宜加设中间扶手；如图 1-22 所示。

室内楼梯扶手高度自踏步前缘线量起不宜小于 0.90 m。靠楼梯井一侧水平扶手长度超过 0.50 m 时，其高度不应小于 1.05 m。

托儿所、幼儿园(图 1-23)、中小学及少年儿童专用活动场所的楼梯，梯井净宽大于 0.20 m 时，必需采取防止少年儿童攀滑的措施，楼梯栏杆应采取不易攀登的构造，当采用垂直杆件做栏杆时，其杆件净距不应大于 0.11 m。

图 1-22　设中间扶手的楼梯

图 1-23　幼儿园楼梯

一般供单人通行的楼梯宽度应不小于 850 mm，双人通行为 1 100～1 200 mm，三人通行为 1 500～1 650 mm。一般民用建筑楼梯的最小净宽应满足两股人流疏散要求。休息平台的宽度应不小于梯段宽度。

2)电梯。电梯是建筑物楼层间垂直交通联系的快速运载设备，常用于高层建筑和部分多层建筑中。电梯平面设计的主要内容是选择电梯种类和主参数，确定电梯的数量、布置方式和位置等。

电梯按用途可分为乘客电梯、载货电梯、客货电梯、住宅电梯、病床电梯和杂物电梯等几种类型，电梯的种类按使用功能要求选择。

电梯的数量按使用要求和运载量通过计算确定，在以电梯为主要垂直交通的建筑物中，电梯的数量一般不少于 2 台。

电梯间一般布置在门厅或出入口附近位置明显的地方，不应在转角处紧邻布置。电梯附近应设置辅助楼梯。电梯出入口处应设候梯厅，候梯厅的深度一般不小于电梯轿厢深度的 1.5 倍。需设多部电梯时，宜集中布置，布置方式主要有单侧排列式和双侧排列式等，单侧排列的电梯不应超过 4 台，双侧排列的电梯不应超过 8 台；如图 1-24 所示。

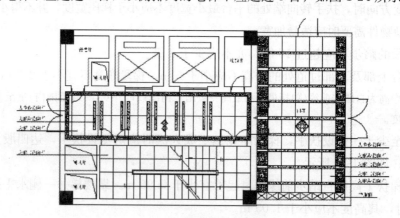

图 1-24　电梯集中布置

电梯不能作为火灾时疏散使用，当然也不计入疏散宽度。这是因为普通电梯在火灾发生时，会因断电停止运行；而消防电梯在火灾发生时，主要供消防队员扑救火灾使用，也不能作为疏散梯使用。

4. 辅助空间的平面设计

辅助房间设计应当考虑以下几个问题：

①辅助房间与其为之服务的基本房间之间有方便的联系；

②尽量减少易产生噪声、不良气味的辅助房间对附近使用房间的影响；

③在保证辅助房间正常使用的前提下，应将其设在建筑物中较差的位置，如北面、地下室、山墙处；

④应当合理控制辅助房间的建筑标准，如面积、高度、室内装修标准等。

辅助房间主要是为使用房间提供服务的房间，如厕所、浴室、盥洗室、水暖电设备用房等。

（1）厕所。

1）厕所设备及数量。厕所卫生设备有大便器、小便器、洗手盆、污水池等，如图1-25和图1-26所示。

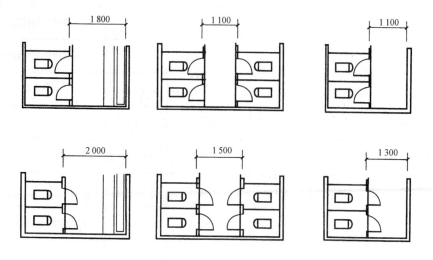

图 1-25　厕所设备组合尺寸

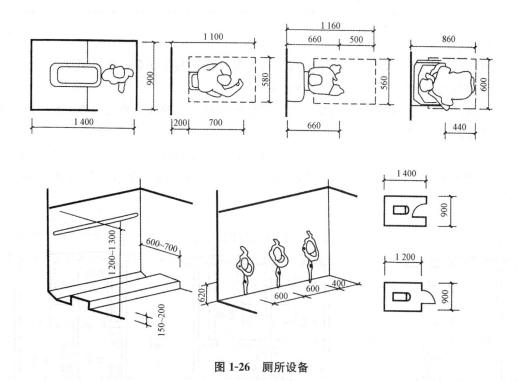

图 1-26　厕所设备

卫生设备的数量及小便槽的长度主要取决于使用人数、使用对象和使用特点。一般民用建筑每一个卫生器具可供使用的人数参考表1-7。具体设计中可按此表并结合调查研究最后确定其数量。

表 1-7　部分民用建筑厕所设备数量参考指标

建筑类型	男小便器/(人·个⁻¹)	男大便器/(人·个⁻¹)	女大便器/(人·个⁻¹)	洗手盆或龙头/(人·个⁻¹)	男女比例	备　注
旅馆	20	20	12			男女比例按设计要求
宿舍	20	20	15	15		男女比例按实际使用情况
中小学	40	40	25	100	1：1	小学数量应稍多
火车站	80	80	50	150	2：1	
办公楼	50	50	30	50～80	3：1～5：1	
影剧院	35	75	50	140	2：1～3：1	
门诊部	30	100	50	150	1：1	总人数按全日门诊人次计算
幼托		5～10	5～10	2～5	1：1	

注：一个小便器折合 0.6 m 长小便槽。

2) 厕所设计的一般要求。

① 厕所在建筑物中常处于人流交通线上与走道及楼梯间相联系,应设前室,以前室作为公共交通空间和厕所的缓冲地,并使厕所隐蔽一些。

② 大量人群使用的厕所,应有良好的天然采光与通风。少数人使用的厕所允许间接采光,但必需有抽风设施。

③ 厕所位置应有利于节省管道,减少立管并靠近室外给排水管道。同层平面中男、女厕所最好并排布置,避免管道分散;多层建筑中应尽可能把厕所布置在上下相对应的位置;如图 1-27 所示。

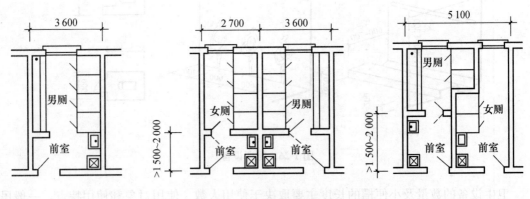

图 1-27　厕所布置形式(一)

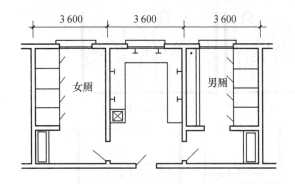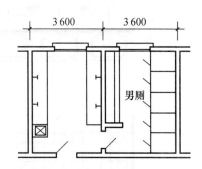

图 1-27 厕所布置形式(二)

④厕所布置应设前室,带前室的厕所有利于隐蔽,可以改善通往厕所的走道和过厅的卫生条件。前室的深度应不小于 1.5~2.0 m。当厕所面积小,不可能布置前室时,应注意门的开启方向,务必使厕所蹲位及小便器处于隐蔽位置。

(2)浴室、盥洗室。浴室和盆洗室的主要设备有洗脸盆、污水池、淋浴器,有的设置浴盆等。除此以外,公共浴室还有更衣室,其中主要设备有挂衣钩、衣柜、更衣凳等。设计时可根据使用人数确定卫生器具的数量,同时结合设备尺寸及人体活动所需的空间尺寸进行布置;如图 1-28 和图 1-29 所示。

浴室、盥洗室常与厕所布置在一起,称为卫生间,按使用对象不同,卫生间又可分为专用卫生间及公共卫生间;如图 1-30 所示。

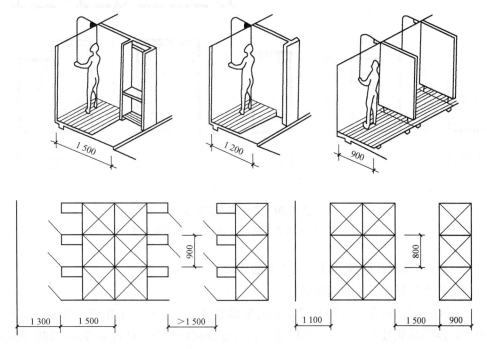

图 1-28 淋浴设备及组合尺寸

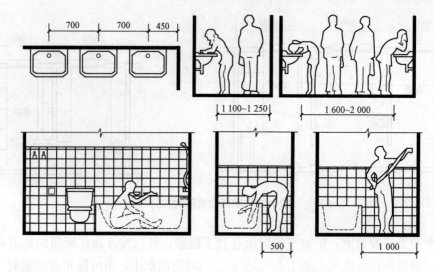

图 1-29　面盆、浴盆设备及组合尺寸

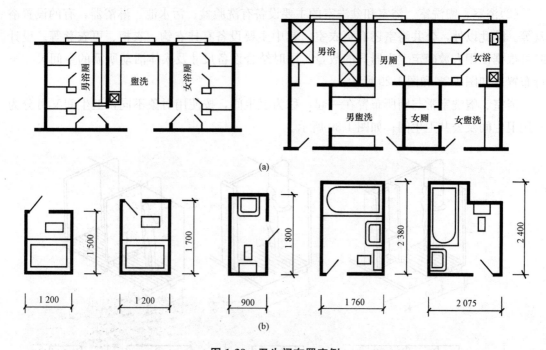

(a)

(b)

图 1-30　卫生间布置实例

(a)公共卫生间布置实例；(b)专用卫生间布置实例

(3)厨房。厨房设计应满足以下几方面的要求：

1)厨房应有良好的采光和通风条件。

2)尽量利用厨房的有效空间布置足够的贮藏设施，如壁柜、吊柜等。为方便存取，吊柜底距地高度不应超过 1.7 m。除此以外，还可充分利用案台、灶台下部的空间贮藏物品。

3)厨房的墙面、地面应考虑防水，便于清洁。地面应比一般房间地面低 20～30 mm。

4)厨房室内布置应符合操作流程，并保证必要的操作空间。

厨房的布置形式有单排、双排、L 形、U 形等几种，如图 1-31 所示。

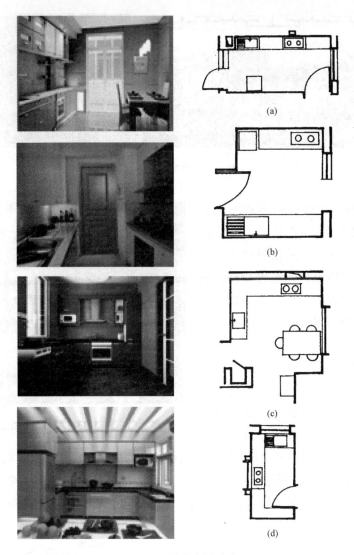

图 1-31 厨房布置形式

第二节 民用建筑结构类型与设备管线

一、民用建筑结构类型

目前，民用建筑常用的结构类型有：混合结构、框架结构、剪力墙结构、框架-剪力墙结构、空间结构。

(1)混合结构。一般民用建筑多为砖混结构。这种结构形式的优点是构造简单、造价较低，其缺点是房间尺寸受钢筋混凝土梁板经济跨度的限制，室内空间小，开窗也受到限制，仅适用于房间开间和进深尺寸较小、层数不多的中小型民用建筑，如住宅、中小学校、医院及办公楼等；如图 1-32 所示。

图 1-32　砖混结构建筑

（2）框架结构。这种结构形式的优点是强度高，整体性好，刚度大，抗震性好，平面布局灵活性大，开窗较自由；其缺点是钢材、水泥用量大，造价较高。适用于开间、进深较大的商店、教学楼、图书馆之类的公共建筑以及多、高层住宅、旅馆等；如图 1-33 所示。

图 1-33　框架结构建筑

（3）剪力墙结构。这种结构形式的优点是强度高，整体性好，刚度大，抗震性好；其缺点是房间尺寸受钢筋混凝土梁板经济跨度的限制，室内空间小，开窗也受到限制，适用于房间开间和进深尺寸较小、层数较多的中小型民用建筑；如图 1-34 所示。

（4）框架-剪力墙结构。框架-剪力墙结构，简称为框剪结构。主要结构是框架，由梁柱构成，小部分是剪力墙。框架与剪力墙结构体系的结合，具有良好的抗侧力性能，用于高层建筑；如图 1-35 所示。

图 1-34　剪力墙结构建筑

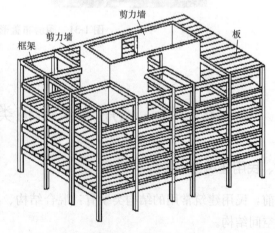

图 1-35　框剪结构

（5）空间结构。这类结构用材经济，受力合理，并为解决大跨度的公共建筑提供了有利条件，如薄壳、悬索、网架膜结构等；如图 1-36～图 1-38 所示。

图 1-36　网架结构

图 1-37　薄壳结构——悉尼歌剧院

图 1-38　薄壳结构——海边体育馆

二、设备管线

民用建筑中的设备管线主要包括给水排水、空气调节以及电气照明等所需的设备管线，它们都占有一定的空间。在满足使用要求的同时，应尽量将设备管线集中布置、上下对齐，以方便使用，有利于施工和节约管线。图1-39所示为某旅馆卫生间管线集中布置。

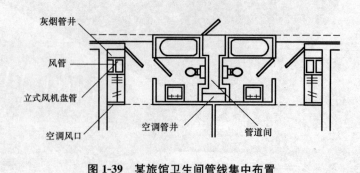

灰烟管井

风管

立式风机盘管

空调风口　　　　　空调管井　　　　管道间

图1-39　某旅馆卫生间管线集中布置

第三节　建筑平面组合设计

平面组合设计是根据各类建筑功能要求，抓住使用房间、辅助房间、交通联系部分的相互关系，结合基地环境及其他条件，采取不同的组合方式将各单个房间合理地组合起来。

一、功能要求

(1)功能分区。一般建筑都包括许多部分，设计不同功能的建筑物要根据各部分的各自功能要求及其相互关系，把它们组合成若干相对独立的区或组，使建筑布局分区明确，使用方便。对于使用中联系密切的部分要使彼此靠近；对于使用中互有干扰的部分，要加以分隔。设计者要将主要使用部分和辅助使用部分分开；将公共部分(对外性强的部分)和私密部分(对内性强的部分)分开；将使用中要求"闹"(或"动")的部分和要求"静"的部分分开；将清洁的区域和会产生烟、灰、气味、噪声乃至污染视觉的部分分开。

为了表示建筑物内部的使用关系，可以绘制出分析图，通常称为功能关系图。功能关系图能表示出使用程序、各组成部分的位置和相互的主从关系以及功能分区。例如，某食堂功能关系示意图(图1-40)表示出用膳者的流程、厨房食品加工的流程，构成食堂的厨房、备餐和餐厅三个主要部分的关系。对于功能复杂的建筑物，绘制出这种功能关系图有助于设计分析，使设计的平面布局趋于合理。

在进行平面组合时，为使功能关系合理，首先应将各个房间按其使用性质以及联系的紧密程度，进行功能分区，把它们分成若干相对独立的功能区域。在设计时，可根据各区域之间的功能关系进行布置，确定平面布局，然后再具体到各区域内进行具体房间的安排。对于房间类型和数量较少、功能关系比较简单明确的建筑，如住宅，可直接按房间类型进行功能分区。

(2)流线组织。流线组织包括人的交通流线组织、物流及车流的流线组织。所谓流线组织明确，是要使各种流线简捷、通畅，不能迂回逆行，尽量避免相互交叉。

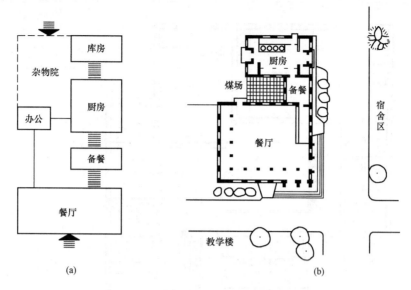

图 1-40 某食堂功能分析图及具体方案

(a)功能分析图；(b)具体方案图

二、平面组合形式

平面组合就是根据使用功能特点及交通路线的组织，将不同房间组合起来。常见组合形式如下：

(1)走道式组合(图 1-41)。走道式组合的特点是：使用房间与交通联系部分明确分开，各房间沿走道一侧或两侧并列布置，房间门直接开向走道，通过走道相互联系；各房间基本上不被交通穿越，能较好地保持相对独立性；各房间有直接的天然采光和通风，结构简单，施工方便。这种形式广泛应用于一般民用建筑，特别适用于相同房间数量较多的建筑，如学校、宿舍、医院、旅馆等。

根据房间与走道布置关系不同，走道式又可分为外走道与内走道两种。

1)外走道可保证主要房间有好的朝向和良好的采光通风条件，但这种布局造成走道过长，交通面积大。个别建筑由于特殊要求，也采用双侧外走道形式。

2)内走道各房间沿走道两侧布置，平面紧凑，外墙长度较短，对寒冷地区建筑热工有利。但这种布局难免出现一部分使用房间朝向较差，且走道采光通风较差，房间之间相互干扰较大。

(2)套间式组合(图 1-42)。套间式组合的特点是：用穿套的方式按一定的序列组织空间。房间与房间之间相互穿套，不再通过走道联系。其平面布置紧凑，面积利用率高，房间之间联系方便，但各房间使用不灵活，相互干扰大；适用于住宅、展览馆等。

(3)大厅式组合(图 1-43)。大厅式组合是以公共活动的大厅为主穿插布置辅助房间。这种组合的特点是：主体房间使用人数多、面积大、层高大，辅助房间与大厅相比，尺寸大小悬殊，常布置在大厅周围，并与主体房间保持一定的联系；适用于影剧院、体育馆等。

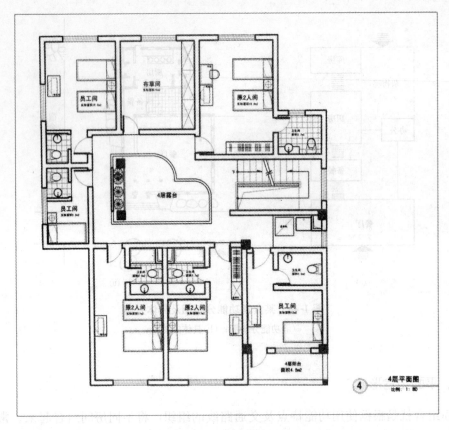

图 1-41　走道式组合

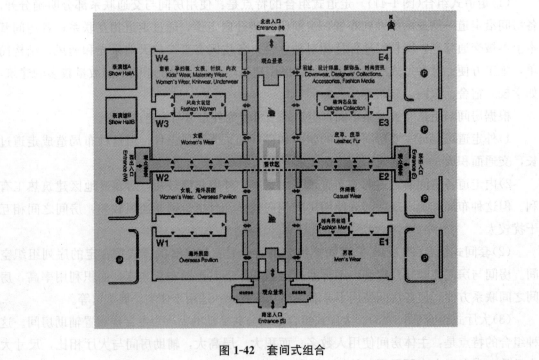

图 1-42　套间式组合

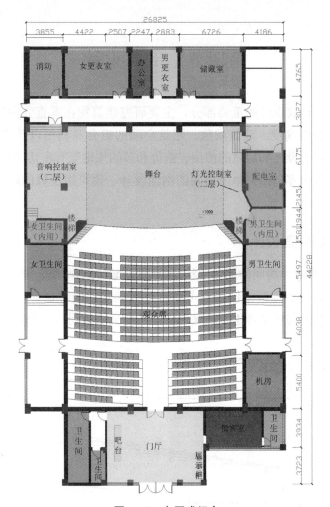

图 1-43　大厅式组合

（4）单元式组合。单元式组合是将关系密切的房间组合在一起成为一个相对独立的整体，称为单元。将一种或多种单元按地形和环境情况在水平或垂直方向重复组合起来成为一幢建筑，这种组合方式称为单元式组合。

单元式组合的优点是：

1）能提高建筑标准化，节省设计工作量，简化施工；

2）功能分区明确，平面布置紧凑，单元与单元之间相对独立，互不干扰；

3）布局灵活，能适应不同的地形，满足朝向要求，形成多种不同组合形式。

因此，单元式组合广泛用于大量性民用建筑，如住宅、学校、医院等。

图 1-44　庭院式组合

（5）庭院式组合（图 1-44）。建筑物围合成院落，适用于传统住宅，学校、医院、图书室、旅馆等。

第四节　剖面设计

建筑剖面设计是建筑设计的重要部分，主要研究建筑物在垂直方向房屋各部分的组合关系、建筑物各部分的高度、建筑层数、建筑空间的组合和利用以及建筑剖面中的结构、构造关系等。建筑剖面设计和房屋的使用、造价和节约用地等有密切关系。

剖面设计的基本内容包括：单个房间的剖面设计、建筑物层数的确定和建筑空间的组合利用三个方面。

一、单个房间的剖面设计

(1)房间的剖面形状。房间的剖面形状分为矩形和非矩形两类。

房间的剖面形状主要是根据使用要求和特点来确定，同时也要结合具体的物质技术、经济条件及特定的艺术构思来考虑，既满足使用功能又能达到一定的艺术效果(图1-45)。

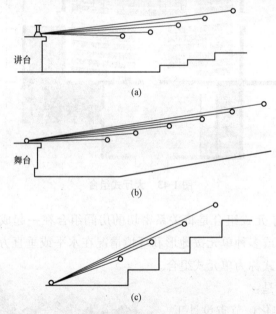

图1-45　室内地面与视线的关系

(a)阶梯教室；(b)观众厅；(c)体育馆比赛厅

(2)房间的净高与层高。

1)净高与层高。房间的净高是指从室内的楼地面到顶棚或其他构件如大梁底面之间的距离；层高是指从房间楼地面至上一层楼地面之间的距离(图1-46)。

按使用要求考虑，房间净高应不低于2.20 m。

①卧室使用人数少、面积不大，常取2.7～3.0 m；教室使用人数多，面积相应增大，一般取3.30～3.60 m；公共建筑的门厅人流较多，高度可较其他房间适当提高；商店营业厅净高受房间面积及客流量多少等因素的影响，国内大中型营业厅(无空调设备的)底层层

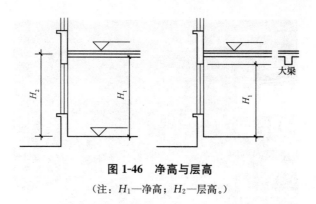

图 1-46 净高与层高

（注：H_1—净高；H_2—层高。）

高为 4.2～6.0 m，二层层高为 3.6～5.1 m 左右。

②房间的家具设备以及人们使用家具设备的必要空间，也直接影响到房间的净高和层高。

③如学生宿舍通常设有双层床，则层高不宜小于 3.30 m；医院手术室净高应考虑手术台、无影灯以及手术操作所必要的空间，净高不应小于 3.0 m；游泳馆比赛大厅，房间净高应考虑跳水台的高度、跳水台至顶棚的最小高度；对于有空调要求的房间，通常在顶棚内布置有水平风管，确定层高时应考虑风管尺寸及必要的检修空间。

④地下室、贮藏室、局部夹层、走道和房间的最低处的净高不应小于 2 m，楼梯平台上部及下部过道处的净高不得小于 2 m，梯段下净高不应小于 2.2 m。

2）确定房间高度的主要因素。

①人体活动及家具设备的使用要求。

②采光、通风的要求。房间的高度应有利于天然采光和自然通风，以保证房间有必要的卫生条件。

③室内空间比例。一般情况是面积大的房间高度应高一些，面积小的房间则可适当降低。

高而窄的比例易使人产生兴奋、激昂、向上的情绪，且具有严肃感，过高就会觉得不亲切；宽而矮的空间使人感觉宁静、开阔、亲切，但过低又会使人产生压抑、沉闷的感觉。

处理房间空间比例时，在不增加房间高度的情况下，可以借助以下手法来获得意想的空间效果：利用窗户的不同处理来调节空间的比例感，细而长的窗户使房间感觉要高些，宽而扁的窗户则感觉房间低一些；运用以低衬高的对比手法，将次要房间的顶棚降低，从而使主要空间显得更加高大，次要空间亲切宜人；如图 1-47 和图 1-48 所示。

（3）结构构件、设备管道及电器照明设备所占用的高度。层高等于净高加上楼板层（或屋顶结构层）的高度。故在满足房间净高要求的前提下，其层高尺寸随结构的高度而变化：结构层愈高，则层高愈大；结构层高度小，则层高相应也小。

（4）室内外地面高差。在建筑设计中常以底层的室内地面为设计标高的零点（±0.000），高于设计标高零点的为正值，低于设计标高零点的为负值，逐层累计。为防止因建筑物自然沉降使室外雨水倒灌入室内，并防止墙身受潮，一般民用建筑的室内地坪要高于室外地面 150～600 mm，即设置 1～4 个踏步。

图 1-47 住宅的净高尺度(2 700~3 000 mm)

图 1-48 宾馆大堂的净高尺度

剖面设计与平面设计、立面设计有密切的联系,设计中有些问题需要平面、立面、剖面结合在一起才能解决。如平面设计中房间的开间、进深等的确定将会影响到剖面中层高的确定。因此,在剖面设计中,应综合考虑平面和立面的要求。

二、建筑体型及立面设计

1. 建筑体型设计

建筑体型设计主要是对建筑物的轮廓形状、体量大小、组合方式及比例尺度等的确定。

(1)简单体型的设计。一般来说,细长的体型有挺拔的感觉,高层建筑一般都有这种感觉。建筑底部处理应厚重一些,否则有不稳定之感。横长的体型较稳定,但比例处理不好易产生呆板的感觉。

(2)复杂体型的设计。体型组合设计中常采取以下几种连接方式:

1)直接连接。将不同体量的面直接相连称为直接连接。直接连接具有体型分明、简洁、整体性强的优点,常用于功能要求各房间联系紧密的建筑;如图 1-49 所示。

2)咬接。各体量之间相互穿插,体型较复杂,但组合紧凑,整体性强,较前者易于获得有机整体的效果,是组合设计中较为常用的一种方式;如图 1-50 所示。

图 1-49　直接连接方式

图 1-50　体型咬接

3)以走廊或连接体相连。这种方式的特点是：各体量之间相对独立而又互相联系，走廊的开敞或封闭、单层或多层，常随不同功能、地区特点、创作意图而定，这种设计给人以轻快、舒展的感觉(图 1-51)。

图 1-51　廊式连接

2. 建筑立面设计

建筑立面是由门窗、墙柱、阳台、遮阳板、雨篷、檐口、勒脚、花饰等部件组成的。立面设计就是恰当地确定这些部件的尺寸大小、比例关系、材料色彩等。通过形的变换、面的虚实对比、线条的方向变化等，求得外形的统一与变化，内部空间与外形的协调统一。

进行立面设计，应注意以下问题：保持空间的整体性；注重建筑空间的透视效果。立面设计要在符合功能和结构要求的基础上，对建筑空间造型进一步深化。

立面组合设计中常采取以下几种设计方式：

(1)简约主义。源于20世纪初期的西方现代主义。欧洲现代主义建筑大师路德维希·密斯·凡德罗(Ludwig Mies Vander Rohe)的名言"少就是多(Less is more)"被认为是代表着简约主义的核心思想。简约主义风格的特色是将设计的元素、色彩、照明、原材料简化到最少的程度,但对色彩、材料的质感要求很高。因此,简约的空间设计通常非常含蓄,往往能达到以少胜多、以简胜繁的效果;如图1-52所示。

(2)古典主义建筑。古典建筑(Classical Architecture)及新(仿古)古典主义运用"纯正"的古希腊罗马建筑和意大利文艺复兴建筑样式和古典柱式的建筑。主要是法国古典主义建筑,17世纪下半叶,古典主义成为法国文化艺术的主导潮流,在建筑中也形成了古典主义建筑理论。古典主义者在建筑设计中以古典柱式为构图基础,突出轴线,强调对称,注重比例,讲究主从关系。巴黎卢浮宫东立面的设计突出地体现古典主义建筑的原则,凡尔赛宫也是代表作之一;如图1-53所示。

图1-52　简约主义设计

图1-53　索斯伯里主教堂

新(仿古)古典主义的设计风格其实就是经过改良的古典主义风格。一方面保留了材质、色彩的大致风格,仍然可以很强烈地感受传统的历史痕迹与浑厚的文化底蕴,同时又摒弃了过于复杂的机理和装饰,简化了线条。新古典主义的灯具则将古典的繁杂雕饰经过简化,并与现代的材质相结合,呈现出古典而简约的新风貌,是一种多元化的思考方式。将怀古的浪漫情怀与现代人对生活的需求相结合,兼容华贵典雅与时尚现代,反映出后工业时代个性化的美学观念和文化品位;如图1-54所示。

3. 后现代主义

后现代主义设计作为多元化后现代设计中的重要流派之一,是对现代主义设计的反叛和挑战。主张以装饰的手法达到视觉上的审美愉悦,注重消费者的心理满足。

建筑设计的代表有:飞利浦·约翰逊设计的纽约电讯公司(AT&T);查尔斯·摩尔设计的新奥尔良"意大利广场";迈克·格里夫斯设计的波特兰市公共服务中心;詹姆斯·斯特林设计的斯图加特新国家艺术馆;约翰·伍重设计的悉尼歌剧院;山崎实设计的纽约世界贸易中心大楼;如图1-55所示。

图 1-54　新(仿古)古典主义建筑　　　　　　图 1-55　后现代主义建筑

4. 高科技流派

高科技流派反对传统的审美观念，强调设计作为信息的媒介和设计的交际功能，在建筑设计、室内设计中坚持采用新技术，在美学上极力鼓吹表现新技术的做法，包括战后"现代主义建筑"在设计方法中所有"重理"的方面，以及讲求技术精美和"粗野主义"倾向；如图1-56 所示。

图 1-56　高科技流派建筑

➤ 复习思考题

1. 坡地建筑的布置方式有哪几种？
2. 影响建筑物间距的主要因素有哪几个方面？
3. 确定房间的平面尺寸，主要应考虑哪几个方面的要求？
4. 目前民用建筑常用的结构类型有哪几种？
5. 建筑平面组合方式有哪些？
6. 建筑剖面设计主要包括哪些内容？

第二章　建筑的分类、等级划分与模数协调

本章重点

建筑的分类及等级划分；建筑模数的概念，掌握模数协调原则；建筑轴线定位的相关内容。

学习目标

熟悉建筑的分类及等级划分，掌握建筑模数的协调原则，建筑轴线定位。

第一节　建筑的分类和等级划分

一、建筑的分类

对建筑进行分类，目的是便于在今后的规划、设计、施工、预决算等工程建设中执行相应的规范和标准，建筑物通常按照下面四种方法进行分类：

1. 按建筑的使用功能分类

(1)工业建筑。工业建筑是指提供人们从事各种生产性活动场所的建筑物。如机械加工车间[图 2-1(a)]，汽车生产车间[图 2-1(b)]。

(a)　　　　　　　　　　　　　(b)

图 2-1　工业建筑

(a)机械加工车间；(b)汽车生产车间

(2)农业建筑。农业建筑指提供人们从事各种农牧业生产和加工场地的建筑物。如温室大棚、农畜产品加工厂、饲养场、粮仓，如图 2-2 所示。

(a) (b) (c)

图 2-2　农业建筑

(a)饲养场；(b)生猪加工厂；(c)温室大棚

(3)民用建筑。民用建筑是指与人们日常生活密切相关的，供人们居住、生活、工作和学习的建筑，如图 2-3 所示。其主要包括：

1)居住建筑。居住建筑主要是指提供家庭或集体等生活起居用的建筑物；如住宅、宿舍等。

2)公共建筑。公共建筑主要是指提供人们进行各种社会公共活动的建筑物；如写字楼、教学楼、医院、幼儿园、商店、餐厅、体育场、车站、宾馆、博物馆、公园、纪念堂等。

(a) (b) (c)

图 2-3　民用建筑

(a)住宅楼—居住建筑；(b)别墅—居住建筑；(c)宿舍—居住建筑

2. 按数量和规模分类

(1)大量性建筑。大量性建筑指建造规模不大，但是数量多，相似性大的建筑；如住宅楼、教学楼、医院、食堂等，如图 2-4 所示。

(2)大型性建筑。大型性建筑指规模大、耗资多、影响大，建造数量少、单体面积大、个性强的建筑；如歌剧院、大型体育馆、大型展览馆、航空港等，如图 2-5 所示。

3. 按建筑层数和高度分类

(1)住宅建筑(图 2-6)。住宅建筑按照层数分为：

1)低层建筑：1～3 层；

2)多层建筑：4～6 层；

3)中高层建筑：7～9 层；

4)高层建筑：10 层及 10 层以上的。

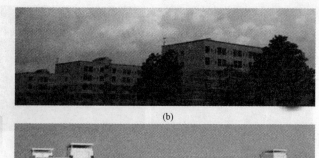

(a)

(b)

(c)

图 2-4　大量性建筑

(a)住宅楼—大量性建筑；(b)宿舍楼—大量性建筑；(c)教学楼—大量性建筑

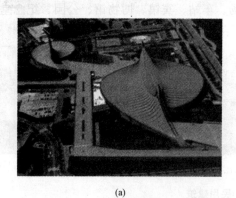

(a)

(b)

(c)

图 2-5　大型性建筑

(a)日本代代木体育馆—大型性建筑；

(b)加拿大多伦多汤姆逊音乐厅—大型性建筑；

(c)印度泰姬陵—大型性建筑

图 2-6　住宅建筑

(a)2 层住宅楼—低层建筑；(b)6 层住宅楼—多层建筑；

(c)9 层住宅楼—中高层建筑；(d)20 层住宅楼—高层建筑

(2)公共建筑及综合性建筑。总高度超过 24 m 为高层建筑(不包含单层主体建筑超过 24 m的体育馆、会堂、剧院等)，如图 2-7 所示。

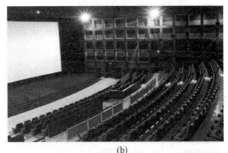

图 2-7　公共建筑及综合性建筑

(a)8 层的商场，超过 24 m—高层建筑；

(b)单层影剧院，超过 24 m—不属于高层建筑；

(c)单层体育馆，超过 24 m—不属于高层建筑

(3)超高层建筑。高度超过 100 m，无论住宅或者公共建筑均为超高层建筑物，如图2-8 所示。

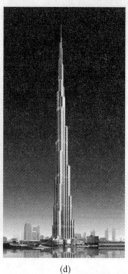

(a)   (b)   (c)   (d)

图 2-8　超高层建筑

(a)住宅楼；(b)马来西亚吉隆坡双子塔 452 m；(c)上海环球金融中心 492 m；(d)阿联酋迪拜塔 828 m(168 层)

二、建筑物的等级划分

建筑物等级可按耐久等级和耐火等级划分。

1. 建筑物的耐久等级

建筑物的耐久等级主要根据建筑物的重要性和规模大小划分，是基建投资和建筑设计的重要依据，见表 2-1。

表 2-1　建筑物的耐久等级

耐久等级	耐久年限	适用范围
一级	100 年以上	适用于重要的建筑和高层建筑，如纪念馆、博物馆、国家会堂等
二级	50～100 年	适用于一般性建筑，如城市火车站、宾馆、大型体育馆、大剧院等
三级	25～50 年	适用于次要的建筑，如文教、交通、居住建筑及厂房等
四级	15 年以下	适用于简易建筑和临时性建筑

2. 建筑物的耐火等级

耐火等级标准是依据房屋主要构件的燃烧性能和耐火极限确定的，见表 2-2。

(1)构件的燃烧性能。燃烧性能指组成建筑物的主要构件在明火或高温作用下，燃烧与否，以及燃烧的难易。建筑构件按燃烧性能分为：

1)燃烧体：即用可燃或易燃烧的材料做成的建筑构件，如木材等。

2)难燃烧体：即用难燃烧的材料做成的建筑构件，或用燃烧材料做成而用不燃烧材料做保护层的建筑构件，如石膏板、沥青混凝土、经防火处理的木材等。

3)不燃烧体：即用不燃烧材料做成的建筑构件，如天然石材。

(2)构件的耐火极限。建筑构件的耐火极限，对任一建筑构件按时间-温度标准曲线进行耐火试验，从受到火的作用时起，到失去支持能力或完整性被破坏或失去隔火作用时为止的这段时间，用小时表示。

表2-2　不同耐火等级建筑相应构件的燃烧性能和耐火极限　　　　　h

构件名称		耐火等级			
		一级	二级	三级	四级
墙	防火墙	不燃性 3.00	不然性 3.00	不然性 3.00	不然性 3.00
	承重墙	不燃性 3.00	不燃性 2.50	不燃性 2.00	难燃性 0.50
	非承重外墙	不燃性 1.00	不燃性 1.00	不燃性 0.50	可燃性
	楼梯间和前室的墙电梯井的墙 住宅建筑单元之间的墙和分户墙	不燃性 2.00	不燃性 2.00	不燃性 1.50	难燃性 0.50
	疏散走道两侧的隔墙	不燃性 1.00	不燃性 1.00	不燃性 0.50	难燃性 0.25
	房间隔墙	不燃性 0.75	不燃性 0.50	难燃性 0.50	难燃性 0.25
柱		不燃性 3.00	不燃性 2.50	不燃性 2.00	难燃性 0.50
梁		不燃性 2.00	不燃性 1.50	不燃性 1.00	难燃性 0.50
楼板		不燃性 1.50	不燃性 1.00	不燃性 0.50	可燃性
屋顶承重构件		不燃性 1.50	不燃性 1.00	可燃性 0.50	可燃性
疏散楼梯		不燃性 1.50	不燃性 1.00	不燃性 0.50	可燃性
吊顶(包括吊顶搁栅)		不燃性 0.25	难燃性 0.25	难燃性 0.15	可燃性

(3)民用建筑的耐火等级、层数和建筑面积。根据《建筑设计防火规范》(GB 50016—2014)的规定，民用建筑的耐火等级、最多允许层数和防火分区最大允许建筑面积应符合表2-3的规定。

表2-3　民用建筑的允许建筑高度或层数、防火分区最大允许建筑面积

名称	耐火等级	允许建筑高度或层数	防火分区的最大允许建筑面积/m²	备注
高层民用建筑	一、二级	按《建筑设计防火规范》 (GB 5006—2014)第 5.1.1 条确定	1 500	对于体育馆、剧场的观众厅，防火分区的最大允许建筑面积可适当增加
单、多层民用建筑	一、二级	按《建筑设计防火规范》 (GB 5006—2014)第 5.1.1 条确定	2 500	
	三级	5 层	1 200	—
	四级	2	600	—
地下或半地下建筑(室)	一级	—	500	设备用房的防火分区最大允许建筑面积不应大于 1 000 m²

注：1. 表中规定的防火分区最大允许建筑面积，当建筑内设置自动灭火系统时，可按本表的规定增加 1.0 倍；局部设置时，防火分区的增加面积可按该局部面积的 1.0 倍计算。
　　2. 裙房与高层建筑主体之间设置防火墙时，裙房的防火分区可按单、多层建筑的要求确定。

第二节　建筑模数的协调原则

为了实现工业化大规模生产，使不同材料、不同形式和不同制造方法的建筑构配件、组合件具有一定的通用性和互换性，在建筑业中必需共同遵守《建筑模数协调标准》的规定。

建筑模数是指选定的尺寸单位，作为尺度协调中的增值单位，也是建筑设计、建筑施工、建筑材料等各部门进行尺度协调的基础，其目的是使构配件安装吻合，并有互换性。

一、相关模数

(1)基本模数。基本模数的数值规定为 100 mm，表示符号为 M，即 1M 等于 100 mm。整个建筑物或其中一部分以及建筑组合件的模数化尺寸均应是基本模数的倍数。

(2)导出模数。导出模数应分为扩大模数和分模数，其基数应符合下列规定：

1)扩大模数应为 2M、3M、6M、9M、12M……；

2)分数模数应分为 M/10、M/5、M/2。

二、建筑的尺寸

1. 建筑尺寸的分类

在建筑物建造过程当中，建筑构配件的制作不可避免存在误差，在安装时又避免不了位置误差。因此，实际的工程建设有三种尺寸，分别是标志尺寸、构造尺寸、实际尺寸。

(1)标志尺寸是根据建筑模数的规定确定的建筑尺寸，主要用以表示跨度、间距和层高等构件界限之间的距离。标志尺寸不考虑构件的接缝大小以及制造、安装过程产生的误差，它是选择建筑、结构方案的依据。

(2)构造尺寸即生产尺寸，是建筑构配件、建筑制品等量化生产的依据，是设计构件或施工详图标注的尺寸，必需考虑构件之间连接所需的缝隙尺寸。

即：

构造尺寸±缝隙尺寸＝标志尺寸

构造尺寸、标志尺寸如图 2-9 所示。

(3)实际尺寸就是竣工尺寸，是建筑物、建筑制品和构配件完成后的实际尺寸。实际尺寸与标志尺寸的差值，应为允许的建筑公差数值。

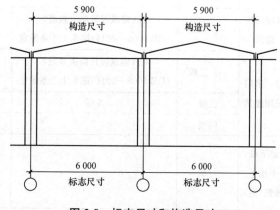

图 2-9　标志尺寸和构造尺寸

2. 定位轴线的确定

实际工程设计中，方案设计图纸标注和主体施工设计图纸标注采用标志尺寸，施工详图采用构造尺寸。因此，在轴线定位时应遵循以下原则：

(1)要利于标准构件的选用、构造节点的简化和便于施工。

(2)凡主要承重构件的位置，都应以轴线定位，并编号。非承重的隔墙以及其他次要的承重构件，一般不编轴线号，凡需确定位置的建筑局部构件，应注明其与附近轴线的尺寸关系，定位轴线之间的尺寸要和构件的标志尺寸一致，且应符合建筑模数的要求。

(3)定位轴线的具体位置，应沿屋面板的接缝处，屋架的端部外侧设置，或与屋架的侧面中心线重合。对于墙、柱的定位轴线，一般位于建筑端部的应与墙或柱的外缘重合；位于建筑内部的，原则上与承重墙或柱的中心线重合。

➤ 复习思考题

1. 建筑可分为哪些类型？

2. 什么是建筑模数、基本模数、扩大模数、分模数？

3. 什么是标志尺寸、构造尺寸、实际尺寸？

4. 在轴线定位时应遵循的原则是什么？

第三章　地基与基础

📕 本章重点

地基处理措施；基础的分类；基础埋深的影响因素；地下室的组成与防潮、防水构造。

📗 学习目标

掌握地基处理的措施；了解基础的分类；熟悉基础埋深的影响因素；掌握地下室防潮、防水构造措施及方法。

第一节　地基与基础基本知识

一、地基与基础的概念

(1)地基是指基础底面以下，受到荷载作用影响范围内的部分岩、土体。地基不是建筑物的组成部分，它只是承受建筑物荷载的土壤层。其中，直接支撑基础，具有一定承载能力的土层称为持力层；持力层以下的土层称为下卧层；如图 3-1 所示。

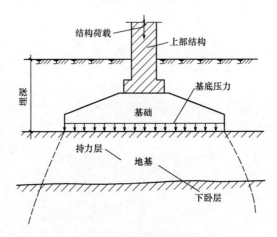

图 3-1　地基的构成

(2)基础是房屋的墙或柱埋在地下的扩大部分。基础的作用是把房屋的总荷载传给它下面的土层。房屋的总荷载包括：房屋本身的重量以及房屋所承载的人和各种设备、屋顶积雪、墙和屋面所受到的风的作用等；如图 3-2 所示。

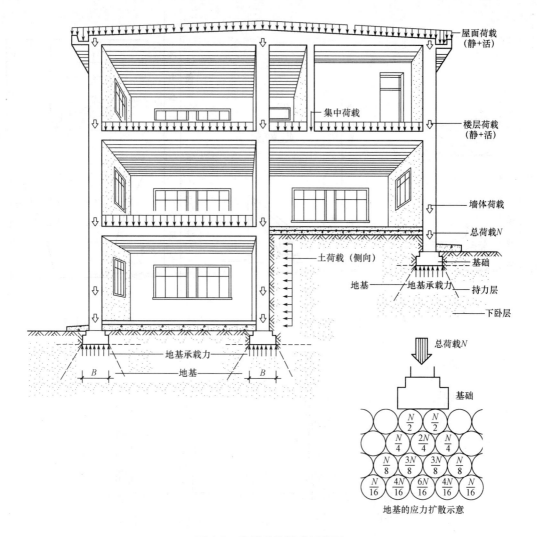

图 3-2　房屋建筑基础示意图

二、地基处理措施

地基可分为天然地基和人工地基两种类型。

天然地基是指天然状态下即可满足承载力要求，不需人工处理的地基。

当地基达不到承载力要求时，可以对地基进行补强和加固，经人工处理的地基称为人工地基。常见地基的处理方法有：压实法、换土法、打桩法。

（1）压实法如图 3-3 所示。

（2）换土法。可选换土的材料有：砂、碎石、矿渣、石屑、灰土、三合土等。换土法如图 3-4 所示。

（3）打桩法。打桩法是利用水泥（或石灰）作为固化剂，通过深层搅拌机械，在一定深度范围把地基土与水泥（或其他固化剂）强行拌和和固化，形成具有水稳定性和足够强度的水泥土，形成桩体、块体和墙体等。深层搅拌法的工艺流程如图 3-5 所示。

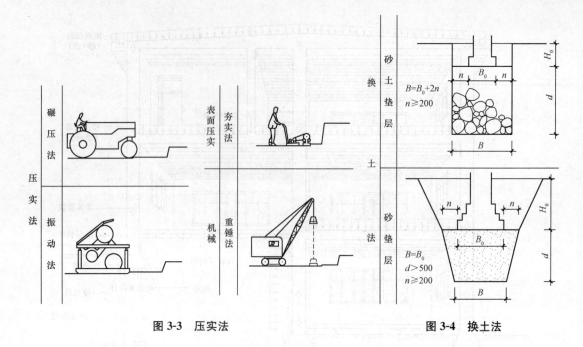

图 3-3　压实法

图 3-4　换土法

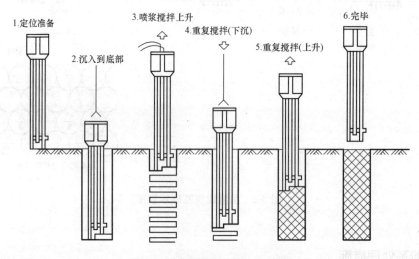

图 3-5　深层搅拌法的工艺流程

第二节　基础的分类

一、按材料受力特点分类

按材料的受力特点分类，基础分为刚性基础和柔性基础。

1. 刚性基础

由刚性材料制作的基础称为刚性基础。抗压强度高，而抗拉、抗剪强度较低的材料就称为刚性材料。常用的刚性材料有砖、灰土、混凝土、三合土、毛石等。基础受力情况如图 3-6 所示。

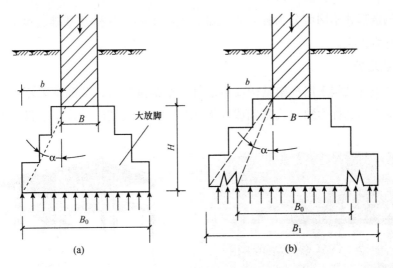

图 3-6　基础受力情况

(a)基础在刚性角范围内传力；(b)基础底面宽超过刚性角范围而破坏转刚性传力

为满足地基容许承载力的要求，基底宽 B 一般大于上部墙宽，为了保证基础不被拉力、剪力而破坏，基础必需具有相应的高度。通常按刚性材料的受力状况，基础在传力时只能在材料的允许范围内控制，这个控制范围的夹角称为刚性角，用 α 表示。砖、石基础的刚性角控制在 $1 : 1.25 \sim 1 : 1.50$（$26° \sim 33°$）以内，混凝土基础刚性角控制在 $1 : 1$（$45°$）以内。

2. 柔性基础

当建筑物的荷载较大而地基承载能力较小时，基础底面 B 必需加宽，如果仍采用混凝土材料做基础，势必加大基础的深度，这样很不经济。如果在混凝土基础的底部配以钢筋，利用钢筋来承受拉应力，使基础底部能够承受较大的弯矩时，基础宽度不受刚性角的限制，故称钢筋混凝土基础为非刚性基础或柔性基础。柔性基础适宜宽基浅埋，如图 3-7 所示。

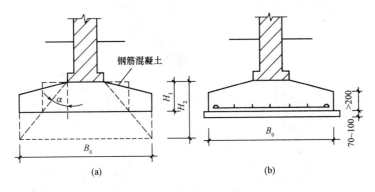

图 3-7　钢筋混凝土基础

(a)混凝土与钢筋混凝土基础比较；(b)基础构造

二、按构造形式分类

基础按构造形式不同可分为独立式基础、条形基础、井格式基础、筏形基础、箱形基础和桩基础共六大类。

1. 独立式基础

当建筑物上部结构采用框架结构或单层排架结构承重时，基础常采用方形或矩形的独立式基础，这类基础称为独立式基础或柱下基础。独立式基础是柱下基础的基本形式，如图 3-8 所示。

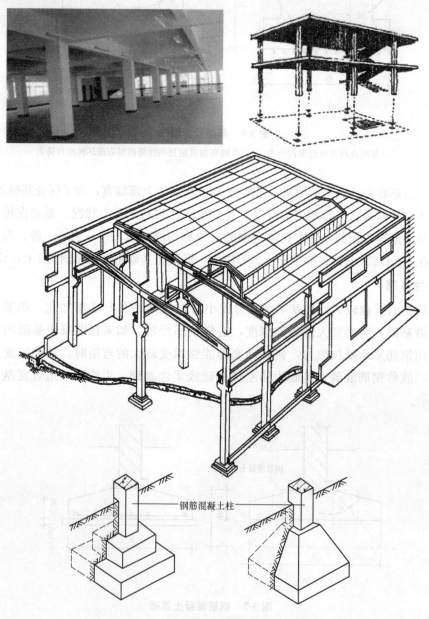

钢筋混凝土柱

图 3-8 独立式基础

当柱采用预制构件时，则基础做成杯口形，然后将柱子插入并嵌固在杯口内，故称杯形基础，如图3-9所示。

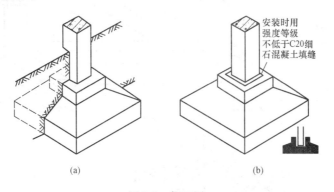

图 3-9 杯口形

(a)现浇基础；(b)杯形基础

2. 条形基础

当建筑物上部结构采用墙承重时，基础沿墙身设置，多做成长条形，这类基础称为条形基础或带形基础，该类型基础是墙承式建筑基础的基本形式，如图3-10所示。

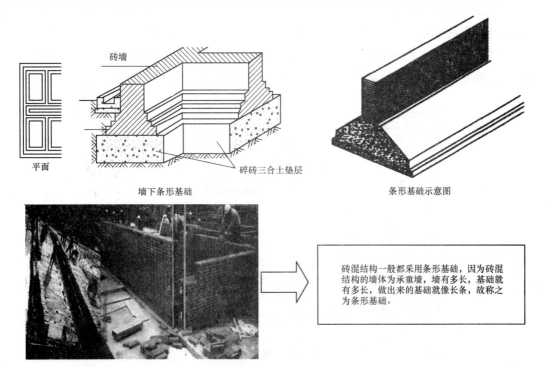

图 3-10 条形基础

3. 井格式基础

当地基条件较差，为了提高建筑物的整体性，防止柱子之间产生不均匀沉降，常将柱下基础沿纵横两个方向扩展连接起来，做成十字交叉的井格式基础；如图3-11所示。

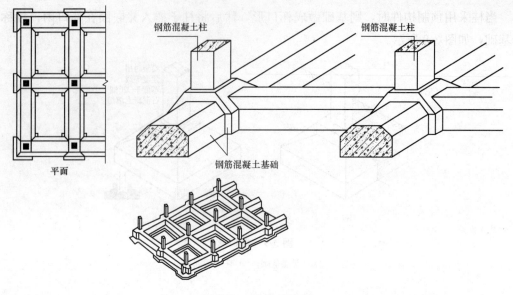

钢筋混凝土柱

钢筋混凝土柱

钢筋混凝土基础

平面

图 3-11　井格式基础

4. 筏形基础

当建筑物上部荷载大，而地基又较弱，这时采用简单的条形基础或井格式基础已不能适应地基变形的需要，通常将墙或柱下基础连成一片，使建筑物的荷载承受在一块整板上成为片筏式基础，称为筏形基础。筏形基础具有整体性好，可以跨越基础下的局部软弱土的特点。通常筏形基础有梁板式和平板式两种，如图 3-12 所示。

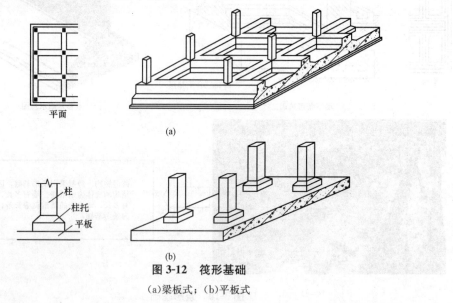

平面

(a)

柱
柱托
平板

(b)

图 3-12　筏形基础
(a)梁板式；(b)平板式

5. 箱形基础

当板式基础做得很深时，常将基础改做成箱形基础。箱形基础是由钢筋混凝土底板、顶板和若干纵、横隔墙组成的整体结构，基础的中空部分可用作地下室（单层或多层的）或地下停车库。箱形基础整体空间刚度大，整体性强，能抵抗地基的不均匀沉降，较适用于高层建筑或在软弱地基上建造的重型建筑物；如图 3-13 所示。

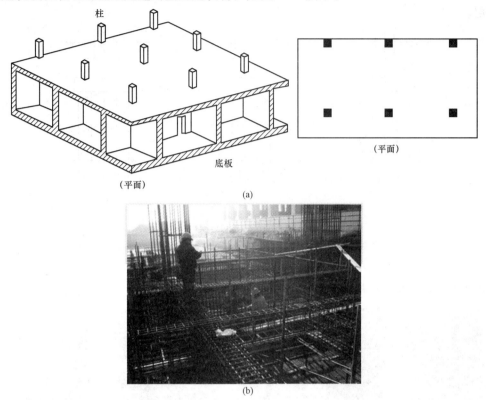

（a）

（b）

图 3-13　箱形基础

（a）箱形基础简图；（b）箱形基础现场施工示意图

6. 桩基础

桩基础按施工方法可分为预制桩、灌注桩、爆扩桩等。桩基础由承台和桩柱两部分组成；如图 3-14 所示。

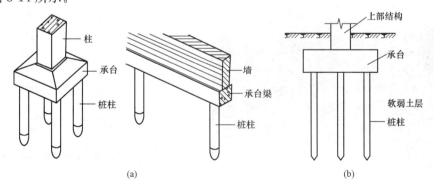

（a）　　　　　　　　　　　　　　　　（b）

图 3-14　桩基础

（a）桩基础实例；（b）断面图

桩分为摩擦桩、摩擦端承桩、端承桩几种类型，如图 3-15 所示。

当建筑物荷载较大，地基的软弱土层厚度在 5 m 以上，基础不能埋在软弱土层内或对软弱土层进行人工处理困难或不经济时，常采用桩基础，以下部的坚实土层或岩土层作为持力层。

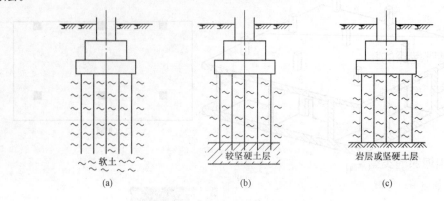

图 3-15　桩的分类

(a)摩擦桩；(b)摩擦端承桩；(c)端承桩

桩基础施工方法示意图如图 3-16 所示。

图 3-16　桩基础施工方法示意图

采用桩基础能节省基础材料，减少挖填土方量，改善工人的劳动条件，缩短工期。在严寒地区进行基础施工时，要开挖冻土，耗费人工，进度迟缓；采用桩基础能避开挖掘冻土这一繁重劳动。因此，近年来桩基础采用量逐年增加。

第三节　基础埋深

一、基础埋深的基础知识

1. 埋深的概念

室外设计地面至基础底面的垂直距离称为基础的埋置深度，简称基础的埋深；如图3-17所示。

2. 基础埋深的类型

(1)深基础——埋置深度大于4 m。

(2)浅基础——埋置深度为0.5～4 m。

(3)不埋基础——直接做在地表面上的基础。

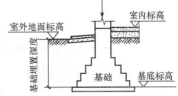

图3-17　基础的埋置深度

3. 埋置原则

基础埋深越小，基础造价越低，但基础若没有足够的土层包围，基底土层受到压力后，将基础四周的土挤出，基础将产生滑移而失稳，故同时规定除岩石地基外，基础埋深不宜小于0.5 m。

二、基础埋深的影响因素

对建筑基础的形式、荷载等，设计之前应进行场地地质勘查，如图3-18所示。

高层住宅楼的基础埋深大于单层住宅的基础埋深

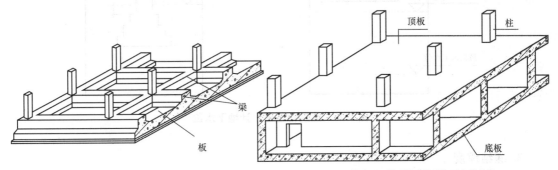

注：箱形基础类型比筏形基础埋深大，在相同的地质情况下，箱形基础能承担更大的荷载。

图3-18　建筑物的基础形式和荷载要求

1. 工程地质条件

基础在满足地基稳定和变形要求的前提下，要尽量浅埋。当浅层土不能满足要求时，可考虑深埋，但应与其他方案比较。如图 3-19 所示。

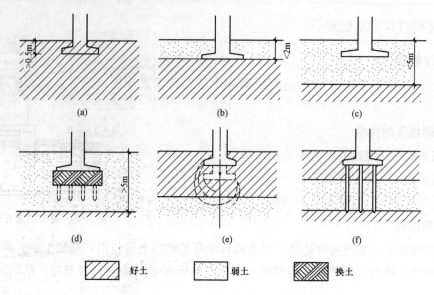

图 3-19　地质构造与基础埋深的关系

2. 水文地质条件

建筑物基础应尽量埋在地下水位以上 200 mm 处，避免地下水对基础产生腐蚀作用，同时防止降低地基承载力。

如果必需埋在地下水位以下时，应将基础埋置在最低地下水位 200 mm 以下，以免因水位变化使基础遭受水浮力的影响；如图 3-20 所示。

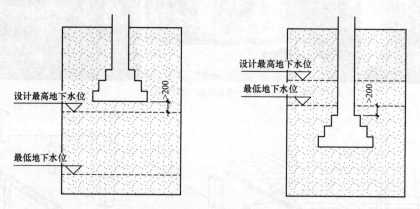

图 3-20　建筑物基础设计地下水位

3. 冻结深度

一般应将基础的垫层设置在土层冻结深度以下不小于 200 mm，以避免土壤冻融交替对基础的不利影响；如图 3-21 所示。

4. 相邻建筑物的埋深

新建建筑物基础不应大于相邻原基础埋深；当大于相邻原基础埋深时，两基础间的净距一般为相邻基础地面高差的 1～2 倍；如图 3-22 所示。

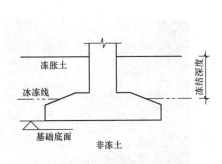

图 3-21　冻结深度对基础埋深的影响

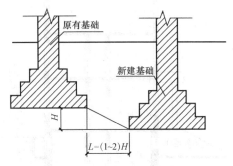

图 3-22　基础埋深与相邻基础的关系

5. 其他因素

为保护基础，一般要求基础顶面低于设计室内地面不少于 0.1 m。地下室或半地下室基础的埋深则要结合建筑设计的要求确定。

第四节　地下室

建筑物首层下面的房间称为地下室，它利用了地下空间，从而节约了建设用地。普通地下室一般用作高层建筑的地下停车库、商场、储藏间、设备用房等；人防地下室是用以应付战时情况下人员的隐蔽和疏散，应具备保障人身安全的各项技术措施；如图 3-23 所示。

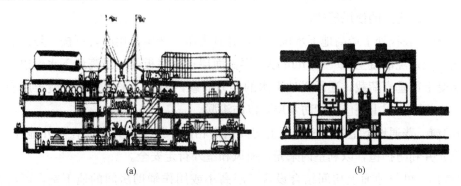

图 3-23　地下商业街与地铁换乘站

(a)地下商业街；(b)地铁换乘站

一、地下室的分类

(1)地下室按使用功能分有普通地下室和防空地下室。

(2)地下室按顶板标高划分有半地下室(埋深为 1/3～1/2 倍的地下室净高)和全地下室

（埋深为地下室净高的 1/2 以上）；如图 3-24 所示。

(3)地下室按结构材料分有砖混结构地下室和钢筋混凝土结构地下室。

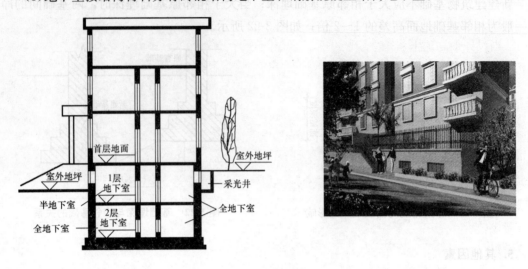

图 3-24　地下室

二、地下室的组成

地下室由墙体、底板、顶板、门窗、楼梯五大部分组成。

(1)墙体。地下室的外墙应按挡土墙设计，如采用钢筋混凝土或素混凝土墙，其最小厚度不小于 300 mm，外墙应作防潮或防水处理；如采用砖墙（现在较少采用），其厚度不小于490 mm。

(2)顶板。可采用预制板、现浇板。在无采暖的地下室顶板上，即首层地板处应设置保温层，以利首层房间的使用舒适。

(3)底板。底板处于最高地下水位以上，并且无压力产生作用时，可按一般地面工程处理，即垫层上现浇混凝土 60～80 mm 厚，再做面层；如底板处于最高地下水位以下时，底板不仅承受上部垂直荷载，还承受地下水的浮力荷载，因此应采用钢筋混凝土底板，并双层配筋，底板下垫层上还应设置防水层，以防渗漏。

(4)门窗。普通地下室的门窗与地上房间门窗相同，地下室外窗如在室外地坪以下时，应设置采光井和防护篦，以利室内采光、通风和室外行走安全。

(5)楼梯。可与地面上房间结合设置，层高小或用作辅助房间的地下室，可设置单跑楼梯。

三、地下室的防潮、防水构造

地下室的外墙和底板都埋在地下，受到土中含水和地下水的侵渗，如不采取构造措施轻则因潮湿引起墙面抹灰脱落、墙面霉变；重则因渗漏使地下室充水，影响地下室的使用。因此保证地下室不潮湿、不透水，是地下室构造设计的重要任务。

根据地下室的防水等级，不同地基土和地下水位高低以及有无滞水的可能来确定地下室防潮、防水方案。

1. 地下室防潮构造

当设计最高地下水位低于地下室底板，且无形成上层滞水可能时，地下水不能浸入地下室内部，地下室底板和外墙可以做防潮处理，地下室防潮只适用于防无压水。

地下室防潮的构造要求是：砖墙体必需采用水泥砂浆砌筑，灰缝必需饱满；在外墙外侧设垂直防潮层，防潮层做法一般为：用 1：2.5 水泥砂浆找平、刷冷底子油一道、热沥青两道，防潮层做至室外散水处，然后在防潮层外侧回填低渗透性土壤(如黏土、灰土等)，并逐层夯实，底宽 500 mm 左右。此外，地下室所有墙体，必需设两道水平防潮层，一道设在底层地坪附近，一般设置在结构层之间；另一道设在室外地面散水以上 150～200 mm 的位置；如图 3-25 所示。

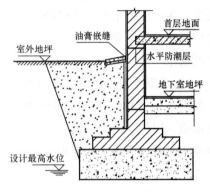

图 3-25　地下室防潮构造

2. 地下室防水构造

目前采用的防水措施通常有卷材防水和混凝土自防水两类；除此之外，还有弹性材料防水。

(1)卷材防水。卷材防水是以防水卷材和相应的胶粘剂分层粘贴，铺设在地下室底板垫层至墙体顶端的基面上，形成封闭防水层的做法。根据防水层铺设位置的不同分为外包防水和内包防水；如图 3-26 所示。

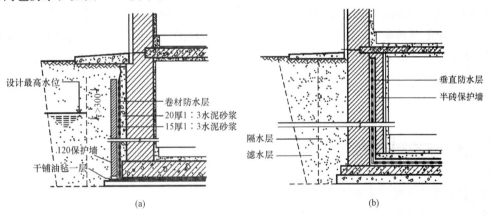

(a)　　　　　　　　　　　　(b)

图 3-26　地下室防水构造

(a)外包防水；(b)内包防水

卷材防水层设在地下工程围护结构外侧(即迎水面)时，称为外防水。这种方法防水效果较好。

外防水的构造要点是：先在墙外侧抹 20 mm 厚的 1：3 水泥砂浆找平层，并刷冷底子油一道，然后选定油毡层数，分层粘贴防水卷材，防水层须高出最高地下水位 500～1 000 mm 为宜。油毡防水层以上的地下室侧墙应抹水泥砂浆涂两道热沥青，直至室外散水处。垂直防水层外侧砌半砖厚的保护墙一道。

卷材粘贴于结构内表面时称为内防水，这种做法防水效果较差，但施工简单，便于修补，常用于修缮工程。

内防水的构造要点是：先浇混凝土垫层，厚约100 mm；再以选定的油毡层数在地坪垫层上做防水层，并在防水层上抹20～30 mm厚的水泥砂浆保护层，以便于上面浇筑钢筋混凝土。为了保证水平防水层包向垂直墙面，地坪防水层必需留出足够的长度以便与垂直防水层搭接，同时要做好转折处油毡的保护工作，以免因转折交接处的油毡断裂而影响地下室的防水。

（2）混凝土自防水。当地下室地坪和墙体均为钢筋混凝土结构时，可连同底板采用防水混凝土，使承重、围护、防水功能三者合一。常采用的防水混凝土有普通混凝土和外加剂混凝土。普通混凝土主要是采用不同粒径的集料进行级配，并提高混凝土中水泥砂浆的含量，使砂浆充满于集料之间，从而堵塞因集料间不密实而出现的渗水通路，以达到防水的目的。外加剂混凝土是在混凝土中渗入加气剂或密实剂，以提高混凝土的抗渗性能。单就防水方面而言，混凝土自防水比设置卷材防水层造价较低，施工也较为简便。如图3-27所示。

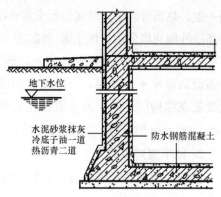

图 3-27　混凝土自防水

（3）弹性材料防水。随着新型高分子合成防水材料的不断涌现，地下室的防水构造也在更新，如我国目前使用的三元乙丙橡胶卷材，能充分适应防水基层的伸缩及开裂变形，拉伸强度高，拉断延伸率大，能承受一定的冲击荷载，是耐久性极好的弹性卷材；又如聚氨酯涂膜防水材料，有利于形成完整的防水涂层，对在建筑内有管道、转折和高差等特殊部位的防水处理极为有利。

> ➤ 复习思考题

1. 常见地基处理方法有哪些？
2. 基础按构造形式可分为哪几类？
3. 基础埋深的影响因素的有哪些？
4. 地下室的防潮、防水构造要点是什么？

第四章　墙　体

本章重点

墙体细部构造；隔墙的类型和构造特点。

学习目标

掌握墙体细部构造的组成部分及各自的设置要求，了解墙体的承重方案，掌握隔墙的类型和构造特点。

第一节　墙体概述

一、墙体的分类

1. 按墙所处位置及方向分类

墙体按所处位置可以分为外墙和内墙。外墙位于房屋的四周，故又称为外围护墙，包括承重墙、承自重墙（如框架填充墙）及幕墙；内墙位于房屋内部，主要起分隔内部空间的作用，包括承重墙和承自重墙（包括固定式和灵活隔断式）。

墙体按布置方向又可以分为纵墙和横墙。沿建筑物长轴方向布置的墙称为纵墙，沿建筑物短轴方向布置的墙称为横墙，外横墙俗称山墙；如图 4-1 所示。另外，根据墙体与门窗的位置关系，平面上窗洞口之间的墙体可以称为窗间墙，立面上下窗洞口之间的墙体可以称为窗下墙。

2. 按受力情况分类

墙体按结构竖向的受力情况，分为承重墙和非承重墙两种。承重墙直接承受楼板及屋顶传下来的荷载。在砖混结构中，非承重墙可以分为自承重墙和隔墙。自承重墙仅承受自身重量，并把自重传给基础；隔墙则把自重传给楼板层或附加的小梁。在框架结构中，非承重墙可以分为填充墙和幕墙。填充墙是位于框架梁柱之间的墙体。当墙体悬挂于框架梁柱的外侧起围护作用时，称为幕墙，幕墙的自重由其连接固定部位的梁柱承担。位于高层建筑外围的幕墙，虽然不承受竖向的外部荷载，但受高空气流影响需承受以风力为主的水平荷载，并通过与梁柱的连接传递给框架系统。墙体受力情况示意图如图 4-2 所示。

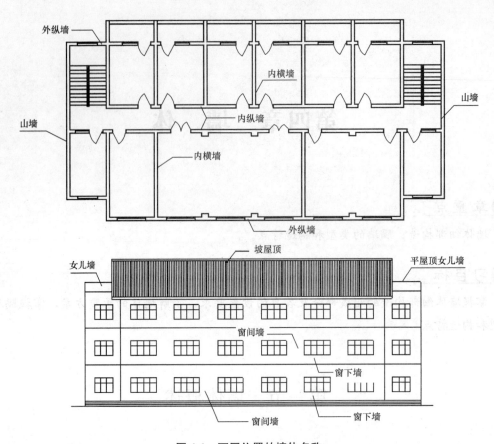

图 4-1　不同位置的墙体名称

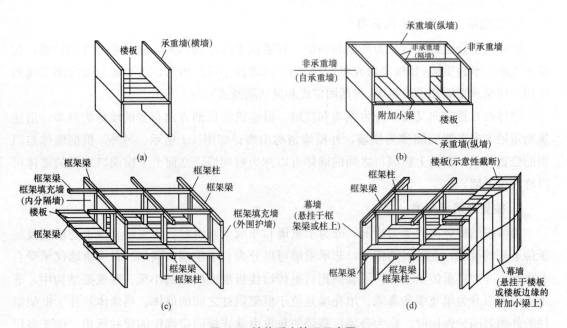

图 4-2　墙体受力情况示意图

(a)砖混结构；(b)砖混结构；(c)框架结构-框架填充墙；(d)框架结构-幕墙

3. 按构造方式分类

墙体按构造方式可分为实体墙、空体墙、复合墙和幕墙，如图 4-3 所示。

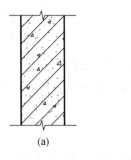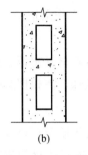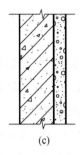

(a)　　　　　　　(b)　　　　　　　(c)

图 4-3　墙体构造形式

(a)实体墙；(b)空体墙；(c)复合墙

（1）实体墙是由单一材料(多孔砖、实心砖、石块、混凝土和钢筋混凝土等)和复合材料(钢筋混凝土与加气混凝土分层复合、烧结普通砖与焦渣分层复合等)砌筑的不留空隙的墙体。

（2）空体墙也是由单一材料组成，既可以是由单一材料砌成内部空腔，例如空斗砖墙(图4-4)，也可用具有孔洞的材料建造墙，如空心砌块墙(图4-5)、空心板材墙等。

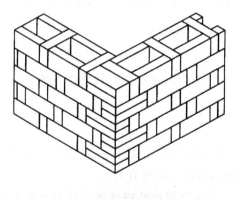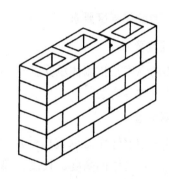

图 4-4　空斗砖墙　　　　　　**图 4-5　空心砌块墙**

（3）复合墙由两种以上材料组合而成，例如钢筋混凝土和加气混凝土构成的复合板材墙，其中钢筋混凝土起承重作用，加气混凝土起保温隔热作用。

复合墙体多用于居住建筑，也可用于托儿所、幼儿园、医疗等小型公共建筑。这种墙体的主体结构为黏土砖或钢筋混凝土，其内侧复合轻质保温板材；常用的材料有充气石膏板、水泥聚苯板、珍珠岩、纸面石膏聚苯复合板、纸面石膏岩棉复合板、纸面石膏玻璃棉复合板、无纸石膏聚苯复合板、纸面石膏聚苯板等。

复合墙体，主体结构采用多孔砖墙时，其厚度为 200 mm 或 240 mm；采用钢筋混凝土墙时，其厚度为 200 mm 或 250 mm。保温板材的厚度为 50～90 mm，若作空气间层时，其厚度为 20 mm。

（4）幕墙按其构造分为框式幕墙和点支式幕墙；按其材料，可划分为：

1）玻璃幕墙：玻璃幕墙有明框幕墙、隐框幕墙、半隐框幕墙、全玻璃幕墙及点支幕墙等；

2）金属幕墙：金属幕墙有单层铝板、蜂窝铝板、铝塑复合板、彩色钢板、不锈钢板及珐琅板等；

3）非金属板幕墙：非金属板幕墙有石材蜂窝板、树脂纤维板等。

不同幕墙构造有差异，造价相差悬殊，需根据具体条件确定其构造和材料。

4. 按施工方法分类

墙体按施工方法可分为块材墙、板筑墙及板材墙三种。

（1）块材墙是用砂浆等胶结材料将砖石块材等组砌而成，例如砖墙、石墙及各种砌块墙等。

（2）板筑墙是在现场立模板，现浇而成的墙体，例如现浇混凝土墙等。

（3）板材墙是预先制成墙板，施工时安装而成的墙，例如预制混凝土大板墙、各种轻质条板内隔墙等。

二、墙体的设计要求

我国幅员辽阔，气候差异大，墙体除满足结构方面的要求外，作为围护构件应具有保温、隔热和节能的性能，同时还应具有隔声、减噪、防火、防潮、防水等功能要求。

（一）强度和刚度要求

1. 强度要求

墙体的强度是指墙体承受荷载的能力。它与所采用的材料、材料强度等级、墙体的厚度、构造方式等有关。

2. 刚度要求

刚度是指墙体作为承重构件应满足一定抵抗变形的能力及自身应具有一定的稳定性。墙体的稳定性与墙的高度、长度、厚度及纵横向墙体间的距离有关。

墙体的高厚比是保证墙体稳定的重要指标。墙体高厚比是指墙体的计算高度与墙厚的比值。高厚比越大，构件越细长，其稳定性越差。实际工程高厚比必需控制在允许值以内。允许高厚比限值在结构上有明确的规定，它是综合考虑了砂浆强度等级、材料质量、施工水平、横墙间距等诸多因素确定的。为满足高厚比要求，通常在墙体开洞口部位设置门垛，在长而高的墙体中设置壁柱。也可采用限制墙体高厚比、增加墙厚、提高砌筑砂浆强度等级等办法来保证墙体的稳定性。

抗震设防地区，为了增加建筑物的整体刚度和稳定性，在多层砌体结构房屋的墙体中，还需设置贯通的圈梁和钢筋混凝土构造柱，使之相互连接，形成空间骨架，加强墙体抗弯、抗剪能力，使墙体在破坏过程中具有一定的延伸性，减缓墙体的酥碎现象产生。

砖墙是脆性材料，变形能力小，如果层数过多，重量就大，砖墙可能破碎和错位，甚至被压垮。特别是地震区，房屋的破坏程度随层数增多而加重，因而对房屋的高度及层数有一定的限制值，见表 4-1。

表 4-1　多层砖房总高和层数限值

地震烈度 \ 最小墙厚	6		7		8		9	
	高度/m	层数	高度/m	层数	高度/m	层数	高度/m	层数
240 mm	24	8	21	7	18	6	12	4

3. 抗震缝设置要求

《建筑抗震设计规范》(GB 50011—2010)规定，多层砌体房屋的结构体系，有下列情况之一时宜设置抗震缝：房屋立面高差在 6 m 以上；房屋有错层，且楼板高差大于层高的 1/4；各部分结构刚度、质量截然不同。缝两侧均应设置墙体，缝宽应根据设防烈度和房屋高度确定，一般可采用 70～100 mm。

(二)功能方面的要求

1. 外墙保温、隔热与节能要求

保温与隔热要求建筑在使用中对热工环境舒适性的要求带来一定的能耗，从节能的角度出发，也为了降低建筑长期的运营费用，要求作为围护结构的外墙具有良好的热稳定性，使室内温度环境在外界环境气温变化的情况下保持相对的稳定，减少对空调和采暖设备的依赖。

炎热地区夏季太阳辐射强烈，室外热量通过外墙传入室内，使室内温度升高，产生过热现象，影响人们工作和生活，甚至损害人的健康。外墙应具有足够的隔热能力，可以通过选用热阻大、质量大的外墙材料(例如砖墙、土墙等)，减少外墙内表面的温度波动；也可以在外墙表面选用光滑、平整、浅色的材料，以增加对太阳的反射能力。

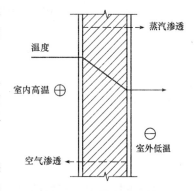

图 4-6　外墙冬季传热过程

采暖建筑的外墙应有足够的保温能力，寒冷地区冬季室内温度高于室外，热量从高温一侧向低温一侧传递(图 4-6 所示为外墙冬季的传热过程)。为了减少热损失，应采取以下措施。

(1)通过对材料的选择，提高外墙保温能力，减少热损失。一般有三种做法：第一，增加外墙厚度，使传热过程延缓，达到保温目的。但是墙体加厚，会增加结构自重、多用墙体材料、占用建筑面积、使有效空间缩小等。第二，选用孔隙率高、密度轻的材料做外墙，如加气混凝土等，这些材料导热系数小，保温效果好，但是强度不高，不能承受较大的荷载，一般用作框架填充墙等。第三，采用多种材料的组合墙，解决保温和承重双重问题。

外墙保温系统根据保温材料与承重材料的位置关系，有外墙外保温、外墙内保温和夹

芯保温几种方式，目前应用较多的保温材料为 EPS（模塑聚苯乙烯泡沫塑料）板或颗粒。此外，岩棉、膨胀珍珠岩、加气混凝土等也是可供选择的保温材料。

图 4-7、图 4-8 所示分别为外墙外保温与外墙内保温构造实例。

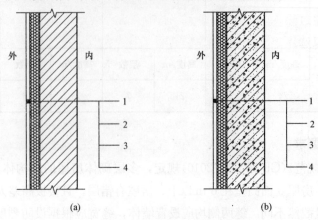

图 4-7　砖墙、混凝土墙外保温构造做法

(a)砖墙；(b)混凝土墙

1—饰面层；2—纤维增强层；3—保温层；4—墙体

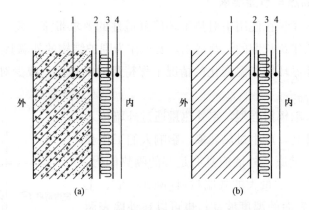

图 4-8　饰面石膏聚苯板复合内保温构造做法

(a)混凝土墙；(b)砖墙

1—墙体；2—空气层；3—保温层；4—饰面石膏

（2）防止外墙中出现凝结水。为了避免采暖建筑热损失，冬季通常是门窗紧闭，生活用水及人的呼吸使室内湿度增高，形成高温高湿的室内环境。温度越高，空气中含的水蒸气越多。当室内热空气传至外墙时，墙体内的温度较低，蒸汽在墙内形成凝结水，水的导热系数较大，因此就使外墙的保温能力明显降低。为了避免这种情况产生，应在靠室内高温一侧，设置隔蒸汽层，阻止水蒸气进入墙体。隔蒸汽层常用卷材、防水涂料或薄膜等材料（图 4-9）。

（3）防止外墙出现空气渗透。墙体材料一般都有很多微小的孔洞，或者因为安装不严密或材料收缩等，会产生一些贯通性缝隙。由于这些孔洞和缝隙的存在，冬季室外风的压力使冷空气从迎风面渗透到室内，而室内外有温差，室内热空气从内墙渗透到室外，所以风压及热压使外墙出现了空气渗透，这样造成热损失，对墙体保温不利。为了防止外墙出现空气渗透，一般采取以下措施：选择密实度高的墙体材料；墙体内外加抹灰层；加强构件间的密缝处理等(图 4-10)。炎热地区夏季太阳辐射强烈，室外热量通过外墙传入室内，使室内温度升高，产生过热现象，影响人们工作和生活，甚至损害人的健康。外墙应具有足够的隔热能力，可以选用热阻大的材料。

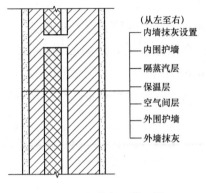

（从左至右）
内墙抹灰设置
内围护墙
隔蒸汽层
保温层
空气间层
外围护墙
外墙抹灰

图 4-9　隔蒸汽层的设置

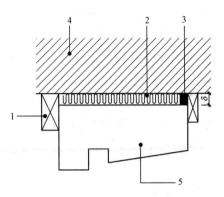

图 4-10　封堵窗墙间缝隙做法
1—外墙；2—袋装矿棉；3—弹性密封胶；
4—木条；5—窗框

（4）采用具有复合空腔构造的外墙形式，使墙体根据需要具有热工调节性能。如近年来在公共建筑中有一定运用的各种双层皮组合外墙以及利用太阳能的被动式太阳房集热墙等，还可以利用遮阳、百叶和引导空气流通的各种开口设置，来强化外墙体系的热工调节能力。

图 4-11 所示为被动式太阳房的墙体构造示例，通过可加热空气的空腔以及进出风口的设置，使外墙成为一个集热散热器，在太阳能的作用下，在外墙设置可以分别提供保温或隔热降温功能的空气置换层。

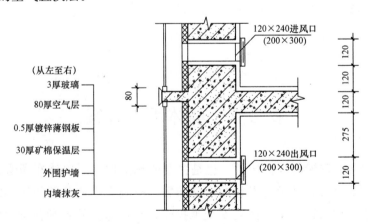

（从左至右）
3厚玻璃
80厚空气层
0.5厚镀锌薄钢板
30厚矿棉保温层
外围护墙
内墙抹灰

图 4-11　被动式太阳房墙体构造

2. 隔声要求

为保证室内有良好的声环境，墙体必需具有一定的隔声能力。民用建筑隔声减噪设计应执行《民用建筑隔声设计规范》(GB 50118—2010)的有关设计标准。建筑根据使用性质的不同进行不同标准的噪声控制，如城市住宅 40 dB、教室 38 dB、剧场 34 dB 等。墙体主要隔离由空气直接传播的噪声。空气声在墙体中的传播途径有两种：一是通过墙体的缝隙和微孔传播；二是在声波作用下墙体受到振动，声音透过墙体而传播。建筑内部的噪声(如说话声、家用电器声等)，室外噪声(如汽车声、喧闹声等)，从各个构件传入室内。

对墙体控制噪声一般采取以下措施：

(1)加强墙体的密缝处理。如对墙体与门窗、通风管道等的缝隙进行密缝处理。

(2)增加墙体密实性及厚度，避免噪声穿透墙体及墙体振动。砖墙的隔声能力较好，240 mm 厚砖墙的隔声量为 49 dB。但是一味地增加墙厚来提高隔声是不经济也是不合理的。

(3)采用有空气间层或多孔性材料的夹层墙。由于空气或玻璃棉等多孔材料具有减振和吸声作用，从而提高了墙体的隔声能力。

(4)在建筑总平面设计中考虑隔声问题。将不怕噪声干扰的建筑靠近城市干道布置，对后排建筑可以起隔声作用。也可选用枝叶茂密、四季常青的绿化带降低噪声。

3. 其他方面的要求

(1)防火要求。建筑防火应符合国家现行的有关标准和规范规定。选择燃烧性能和耐火极限符合防火规范规定的材料。当建筑面积较大时，应按需设置防火墙，将建筑物分为若干段，以防火灾蔓延。《建筑设计防火规范》(GB 50016—2014)中规定：单、多层民用建筑中一、二级耐火等级建筑，最大允许建筑面积为 2 500 m^2；三级耐火等级建筑，最大允许建筑面积为 1 200 m^2；四级耐火等级建筑，最大允许建筑面积为 600 m^2。

(2)防水防潮要求。在卫生间、厨房、试验室等有水的房间及地下室的墙应采取防水防潮措施。选择良好的防水材料以及恰当的构造做法，保证墙体的坚固耐久性，使室内有良好的卫生环境。

(3)建筑工业化要求。在大量民用建筑中，墙体工程量占相当大的比重，劳动力消耗大，施工面长。因此，建筑工业化的关键是墙体改革，可通过提高机械化施工程度提高工效，降低劳动强度，改变传统的手工生产及操作，采用轻质、高强、节能的墙体材料，以减轻自重、降低成本。

第二节　墙体承重方案

墙体是多层砖混房屋的围护构件，也是主要的承重构件。墙体布置必需同时考虑建筑和结构两方面的要求，既满足设计的房间布置、空间大小划分等使用要求，又应选择合理的墙体承重结构布置方案，使之安全承担作用在房屋上的各种荷载，坚固耐久、经济合理。

结构布置指梁、板、柱等结构构件在房屋中的总体布局。砖混结构建筑的结构布置方案，通常有横墙承重、纵墙承重、纵横墙双向承重、内框架承重几种方式(图 4-12)。

(1)横墙承重。横墙承重主要为垂直于建筑物长度方向的横墙，如图 4-12(a)所示。楼面及屋面荷载依次通过楼板、横墙、基础传递给地基。由于横墙间距较密，因此，建筑物的横向刚度较强，整体性好，有利于抵抗水平荷载(风荷载、地震作用等)和调整地基不均匀沉降；由于纵墙只承担自身重量，主要起围护、隔断和连系作用，因此，对纵墙上开门限制较少；由于横墙间距受限制，建筑开间尺寸不够灵活。这一布置方案适用于房间开间不大，墙体位置比较固定的建筑，如住宅、宿舍、旅馆等。

(2)纵墙承重。纵墙承重主要由平行于建筑物长度方向的纵墙承受楼板与屋面荷载，如图 4-12(b)所示。楼面及屋面荷载依次通过楼板、梁、纵墙、基础传递给基础。由于内外纵墙起主要承重作用，横墙间距可以增大，建筑物的纵向刚度大而横向刚度小，而且承重纵墙上开设门窗洞口有时受到限制。此方案空间划分较灵活，适用于要求有较大空间的建筑，如办公楼、教学楼中的教室、阅览室等。

(3)纵横墙双向承重。纵横墙双向承重由纵横两个方向的墙体混合组成，如图 4-12(c)所示。此方案建筑组合灵活，空间刚度较好，适用于房间开间、进深变化较多的建筑，如医院、幼儿园等。

(4)内框架承重。当建筑需要大空间时，房屋内部采用柱、梁组成的内框架承重，四周采用墙承重，楼板自重及活荷载传给梁、柱或墙，如图 4-12(d)所示。房屋的刚度主要由框架保证。此方案适用于室内需要大空间的建筑，如商店、餐厅等。

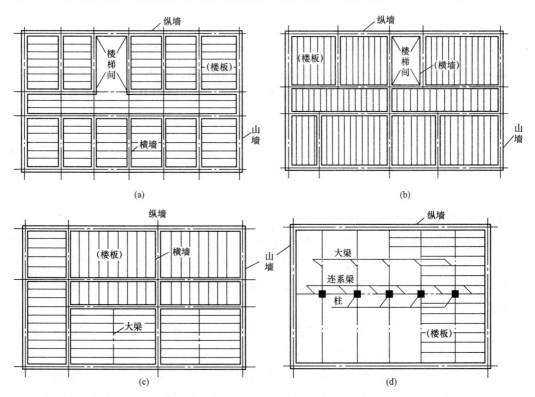

图 4-12 墙体结构布置方案

(a)横墙承重；(b)纵墙承重；(c)纵横墙双向承重；(d)内框架承重

框架结构的建筑目前在中小型民用建筑中使用逐渐增多，框架结构通过框架梁承担楼板荷载并传递给柱，再向下依次传递给基础和地基。墙不承受荷载，只起围护和分隔作用。图 4-13 所示为框架结构布置示意图。

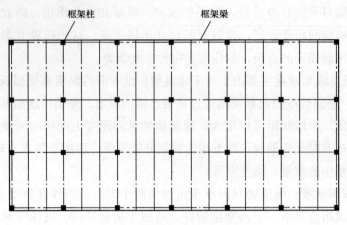

图 4-13　框架结构布置示意图

第三节　砖　墙

块材墙是用砂浆等胶结材料将砖石块材等组砌而成，如砖墙、石墙及各种砌块墙等，也可以简称为砌体。一般情况下，块材墙具有一定的保温、隔热、隔声性能和承载能力，优点是生产制造及施工操作简单，不需要大型的施工设备；缺点是现场湿作业较多、施工速度慢、劳动强度较大。

一、墙体材料

1. 常用块材

块材墙中常用的块材有各种砖和砌块。

(1)砖。砖的种类很多，从材料上看有灰砂砖、页岩砖、煤矸石砖、水泥砖以及各种工业废料砖(如炉渣砖等)；从外观上看，有实心砖、空心砖和多孔砖；从其制作工艺看，有烧结砖和蒸压养护砖等。目前常用的有烧结普通砖、蒸压粉煤灰砖、蒸压灰砂砖、烧结空心砖和烧结多孔砖等。

砖的强度等级，根据标准试验方法所测得的抗压强度分为：MU30、MU25、MU20、MU15、MU10、MU7.5(N/mm²)等。

烧结普通砖指各种烧结的实心砖，其制作的主要原材料可以是黏土、粉煤灰、煤矸石和页岩等，按功能划分有普通砖和装饰砖。常用的实心砖规格(长×宽×厚)为 240 mm×115 mm×53 mm，加上砌筑时所需的灰缝尺寸，正好形成 4∶2∶1 的尺度关系，便于砌筑时相互搭接和组合。空心砖和多孔砖的尺寸规格较多。

蒸压粉煤灰砖是以粉煤灰、石灰、石膏和细集料为原料，压制成型后经高压蒸汽养护制成的实心砖，其强度高，性能稳定，但用于基础或易受冻融及干湿交替作用的部位时对强度等级要求较高。蒸压灰砂砖是以石灰和砂子为主要原料，成型后经蒸压养护而成，是一种比烧结砖质量大的承重砖，隔声能力和蓄热能力较好，有空心砖也有实心砖。蒸压粉煤灰砖和蒸压灰砂砖的实心砖都是替代实心黏土砖的产品之一，但都不得用于长期受热（200 ℃以上），有流水冲刷，受急冷、急热和有酸碱介质侵蚀的建筑部位。

烧结空心砖和烧结多孔砖都是以黏土、页岩、煤矸石等为主要原料经焙烧而成。前者孔洞率大于等于35%，孔洞为水平孔；后者孔洞率为15%～30%，孔洞尺寸小而数量多。这两种砖的规格常为 190 mm×190 mm×90 mm，240 mm×115 mm×90 mm，240 mm×180 mm×115 mm 等多种。这两种砖都主要适用于非承重墙体，但不应用于地面以下或防潮层以下的砌体。

（2）砌块。砌块是利用混凝土、工业废料（煤渣、矿渣、粉煤灰等）和地方材料制成的人造块材，用以替代已被限用或禁用的普通黏土砖作为砌墙材料。其优点是：既充分利用地方材料和工业废料，又能减少对耕地的破坏，且制作方便、施工简单，不需要大型的起重运输设备。采用砌块墙是我国目前墙体改革的主要途径之一。

目前，被各地广泛采用的砌块材料有混凝土、加气混凝土、陶料混凝土、各种工业废料、粉煤灰、煤矸石、石碴等。

砌块按尺寸和质量的大小不同分为小型砌块、中型砌块和大型砌块。砌块系列中主规格的高度为 115～380 mm、单块重不超过 20 kg 的砌块称为小型砌块；高度为 380～900 mm、单块重为 20～35 kg 的砌块的称为中型砌块；高度大于 900 mm、单块重大于 35 kg 的砌块称为大型砌块。

砌块按外观形状可以分为实心砌块和空心砌块。空心砌块有单排方孔、单排圆孔和多排扁孔三种形式（图 4-14），其中多排扁孔对保温较有利。按砌块在组砌中的位置与作用可以分为主砌块和各种辅助砌块。吸水率较大的砌块不能用于长期浸水、经常受干湿交替或冻融循环的建筑部位。

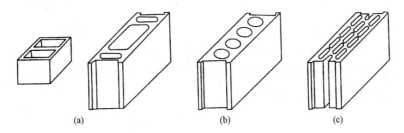

图 4-14　空心砌块的形式
(a)单排方孔；(b)单排圆孔；(c)多排扁孔

2. 胶结材料

砂浆是砌体的粘结材料，它将砖块胶结成为整体，并将砖块之间的空隙填平、密实，以使墙体传力均匀。同时胶结材料还起着嵌缝作用，能提高墙体的防寒、隔热和隔声能力。块材墙的胶结材料主要是砂浆。砌筑砂浆要求有一定的强度，以保证墙体的承载能力，还要求有适当的稠度和保水性(即有良好的和易性),方便施工。

砌筑砂浆通常使用水泥砂浆、石灰砂浆和混合砂浆三种。砂浆性能的主要指标是强度、和易性、防潮性。砌筑砂浆主要原材料为水泥、砂、石灰膏及外掺剂;采用水泥和黄沙配合的水泥砂浆强度高、防潮性能好,主要用于受力和防潮要求高的砌体,其常用级配(水泥:沙)为1:2、1:3等;在水泥砂浆中加入石灰膏拌和而成的混合砂浆强度较高,和易性和保水性较好,使用比较广泛,常用于砌筑地面以上的砌体,其常用级配(水泥:石灰:沙)为1:1:6,1:1:4等。石灰砂浆强度和防潮性均较差,但和易性好,仅用于强度要求低的砌体。

一些块材表面较光滑,如蒸压粉煤灰砖、蒸压灰砂砖、蒸压加气混凝土砌块等,砌筑时需要加强与砂浆的粘结力,要求采用经过配方处理的专用砌筑砂浆,或采取提高块材和砂浆间粘结力的相应措施。

砂浆的强度等级按抗压强度(单位为 N/mm^2)划分为:M15、M10、M7.5、M5 和M2.5,常用的砌筑砂浆等级为 M2.5~M10,M5 以上属高强度砂浆。在同一段砌体中,砂浆和块材的强度有一定的对应关系,以保证砌体的整体强度不受影响。

二、组砌方式

组砌是指砖块在砌体中的排列方式。当外墙面不抹灰做清水墙时,组砌还应考虑墙面图案美观。

组砌时应保证砖缝横平竖直、上下错缝、内外搭接,避免竖向通缝。如果墙体表面或内部的垂直缝处于一条线上,即形成通缝,如图 4-15 所示。在荷载作用下,通缝会使墙体的强度和稳定性显著降低。

1. 砖墙的组砌

在砖墙的组砌中,把砖的长边垂直于墙面砌筑的砖叫丁砖,把砖的长边平行于墙面砌筑的砖叫顺砖。上下两皮砖之间的水平缝称横缝,左右两块砖之间的缝称竖缝。标准缝宽为 10 mm,可以在 8~12 mm 间进行调节。要求丁砖和顺砖交替砌筑、灰浆饱满、横平竖直(图 4-16)。丁砖和顺砖可以层层交错,也可以根据需要隔一定高度或在同一层内交错,由此带来墙体的图案变化和砌体内错缝程度不同。实体墙通常采用一顺一丁、多顺一丁、梅花丁等砌筑方式,如图 4-17 所示。

图 4-15　通缝

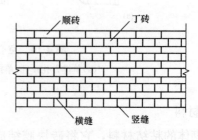

图 4-16　砖墙组砌名称

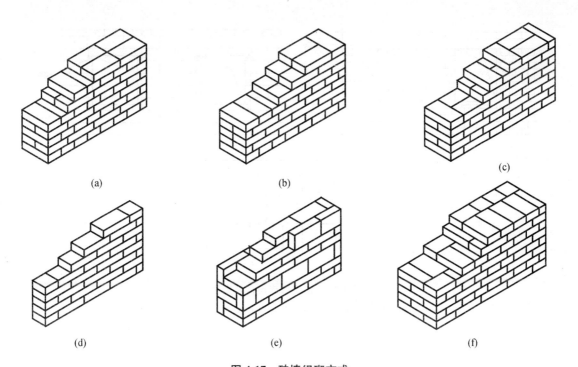

图 4-17　砖墙组砌方式

(a)240 砖墙一顺一丁式；(b)240 砖墙多顺一丁式；

(c)240 砖墙梅花式(十字式)；(d)120 砖墙；(e)180 砖墙；(f)370 砖墙

2. 砌块墙的组砌

砌块在组砌中与砖墙不同的是，由于砌块规格较多、尺寸较大，为保证错缝以及砌体的整体性，应事先做排列设计，并在砌筑过程中采取加固措施。排列设计就是把不同规格的砌块在墙体中的安放位置用平面图和立面图加以表示。砌块排列设计应满足以下要求：上下皮应错缝搭接，墙体交接处和转角处应使砌块彼此搭接，优先采用大规格砌块并使主砌块的总数量在 70％以上，为减少砌块规格，允许使用极少量的砖来镶砌填缝，采用混凝土空心砌块时，上下皮砌块应孔对孔、肋对肋，以保证有足够的接触面。砌块的排列组合，如图 4-18 所示。

由于砌块的体积比砖大，所以墙体在砌筑中的接缝显得较重要。在中型砌块的两端一般设有封闭的灌浆槽，在砌筑、安装时，必需将竖缝填灌密实，水平缝砌筑饱满，使上下左右砌块能更好地连接。一般砌块采用不低于 M5 级砂浆砌筑，缝宽视砌块尺寸而定，小型砌块为 10～15 mm，中型砌块为 15～20 mm。当垂直缝大于 30 mm 时，必需用 C20 级的细石混凝土灌实。

当砌块墙组砌出现通缝或错缝距离不足 150 mm 时，应在水平缝通缝处加钢筋网片，使之拉结成整体，如图 4-19 所示。

由于砌块规格很多，外形尺寸往往不像砖那样规整，因此砌块组砌时，缝型比较多，有平缝、凹槽缝和高低缝。平缝制作简单，多用于水平缝；凹槽缝灌浆方便，多用于垂直缝。

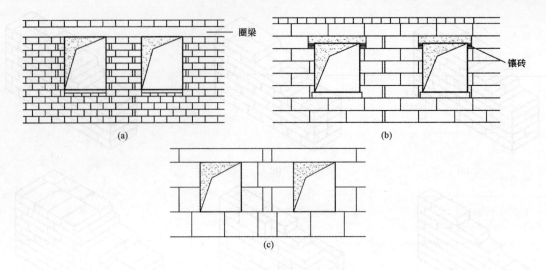

图 4-18　砌块排列组合示意图

(a)小型砌块排列示例；(b)中型砌块排列示例；(c)中型砌块排列示例

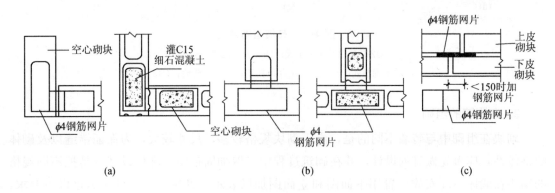

图 4-19　砌块墙通缝处理

(a)转角配筋；(b)丁字墙配筋；(c)错缝配筋

三、墙体尺度

墙体尺度指墙段厚和墙段长两个方向的尺度。要确定墙体的尺度，除应满足结构和功能要求外，还必需符合块材自身的规格尺寸。

1. 墙厚

墙厚主要由块材和灰缝的尺寸组合而成。砖墙的厚度习惯上以砖长为基数来表示，如半砖墙、一砖墙、一砖半墙等。以常用的实心砖规格(长×宽×厚)240 mm×115 mm×53 mm 为例，用砖的三个方向的尺寸作为墙厚的基数，当错缝或墙厚超过砖块尺寸时，均按灰缝10 mm进行砌筑。从尺寸上不难看出，砖厚加灰缝、砖宽加灰缝后与砖长形成1∶2∶4的比例，组砌很灵活。当采用复合材料或带有空腔的保温隔热墙体时，墙厚尺寸在块材尺寸基数的基础上根据构造层次计算即可。墙厚与砖规格的关系见表4-2。

表 4-2　墙厚与砖规格的关系

砖墙断面					
尺寸组成/mm	115	115＋53＋10	115×2＋10	115×3＋20	115×4＋30
构造尺寸/mm	115	178	240	365	490
标志尺寸/mm	120	180	240	370	490
工程称谓	一二墙	一八墙	二四墙	三七墙	四九墙
习惯称谓	半砖墙	3/4 砖墙	一砖墙	一砖半墙	两砖墙

2. 墙段长度

墙段长度是指窗间墙、转角墙等部位墙体的长度。

墙段由砖块和灰缝组成，标准砖砖宽 115 mm 加上灰缝 10 mm，共计 125 mm，此值为砖的组合模数。符合此模数的墙体长度系列为 240、370、490、620、740、870、990、1 120、1 240 等。

3. 洞口尺寸

洞口尺寸主要是指门窗洞口，其尺寸应按《建筑模数协调标准》(GB/T 50002—2013)确定，这样可以减少门窗规格，有利于工厂化生产，提高工业化的程度。在门窗通用图集中，1 000 mm 以内的洞口尺寸采用基本模数 1M 的倍数，如 600 mm、700 mm、800 mm、900 mm、1 000 mm；大于 1 000 mm 的洞口尺寸采用扩大模数 3M 的倍数，如 1 200 mm、1 500 mm、1 800 mm 等。

砖模数和《建筑模数协调标准》(GB/T 50002—2013)不相协调必然给设计和施工造成困难。在工程中经常通过调整灰缝大小来协调这一关系。施工规范允许竖缝宽度为 8~12 mm，一般情况下，当墙段长度小于 1.5 m 时，其长度宜符合砖模数；当墙段长度超过 1.5 m 时，其长度按《建筑模数协调标准》(GB/T 50002—2013)设计。

四、墙身的细部构造

为了保证墙体的耐久性和墙体与其他构件的连接，应在相应的位置进行构造处理。墙身的细部构造包括墙脚、门窗洞口、墙身加固措施及变形缝等构造。

1. 墙脚构造

墙脚是指室内地面以下、基础以上的这段墙体。内外墙都有墙脚，外墙的墙脚又称勒脚。墙脚的位置如图 4-20 所示。由于砌体本身存在很多微孔以及墙脚所处的位置，常有地表水和土集中的水渗入，致使墙身受潮、饰面层脱落、影响室内卫生环境。因此，必须做好墙脚防潮、增强勒脚的坚固性及耐久性，排除房屋四周地面水。

吸水率较大、对干湿交替作用敏感的砖和砌块不能用于墙脚部位，如加气混凝土砌块等。

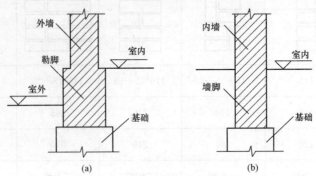

图 4-20　墙脚位置

(a)外墙；(b)内墙

(1)墙身防潮。墙身防潮的方法是在墙脚铺设防潮层，防止土壤和地面水渗入砖墙体。

防潮层的位置：当室内地面垫层为混凝土等密实材料时，防潮层的位置应设在垫层范围内，低于室内地坪 60 mm 处，同时还应至少高于室外地面 150 mm，防止雨水溅湿墙面。

当室内地面垫层为透水材料(如炉渣、碎石等)时，水平防潮层的位置应平齐或高于室内地面 60 mm 处。当内墙两侧地面出现高差时，应设竖向防潮层。

墙身防潮层的位置，如图 4-21 所示。

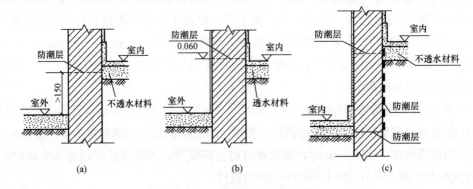

图 4-21　墙身防潮层的位置

(a)地面垫层为密实材料；(b)地面垫层为透水材料；(c)室内地面有高差

墙身防潮层的构造做法常用的有以下三种：第一，防水砂浆防潮层，采用 1∶2 水泥砂浆加 3％～5％防水剂，厚度为 20～25 mm 或用防水砂浆砌三皮砖作防潮层。此种做法构造简单，但砂浆开裂或不饱满时影响防潮效果。第二，细石混凝土防潮层，采用 60 mm 厚的细石混凝土带，内配三根 Φ6 钢筋以抗裂，此种做法防潮性能好。第三，油毡防潮层，先抹 20 mm 厚水泥砂浆找平层，上铺一毡二油，此种做法防水效果好，但有油毡隔离，削弱了砖墙的整体性，不宜在刚度要求高的建筑或地震区建筑中采用。

如果墙脚采用不透水的材料（如条石或混凝土等），或设有钢筋混凝土地圈梁时，可以不设防潮层。

（2）勒脚构造。勒脚是外墙的墙脚，它和内墙脚一样，受到土壤中水分的侵蚀，应做相同的防潮层。同时，它还受地表水、机械力等的影响，所以要求勒脚更加坚固耐久和防潮。另外，勒脚的做法、高低、色彩等应结合建筑造型，选用耐久性好的材料或防水性能好的外墙饰面。一般采用以下几种构造做法（图4-22）：

1）勒脚表面抹灰——可采用8～15 mm厚1：3水泥砂浆打底，12 mm厚1：2水泥白石子浆水刷石或斩假石抹面。

2）勒脚贴面——可采用天然石材或人工石材，如花岗石、水磨石板等。贴面勒脚耐久性强、装饰效果好，多用于标准较高的建筑。

3）勒脚用坚固材料——采用条石、混凝土等坚固耐久的材料。

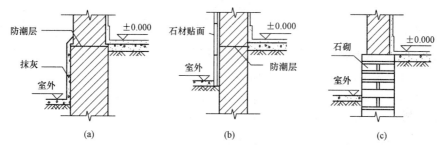

图4-22　勒脚构造做法

(a)抹灰；(b)贴面；(c)石材

（3）外墙周围的排水处理。房屋四周可采用散水或明沟排除雨水。当屋面为有组织排水时一般设明沟或暗沟；屋面为无组织排水时一般设散水，并可加滴水砖（石）带。散水的做法通常是在夯实素土上铺三合土、混凝土等材料，厚度为60～70 mm；散水坡度一般为3%～5%；散水宽度一般为0.6～1.0 m。为防止外墙下沉时将散水拉裂，散水与外墙交接处应沿墙长方向设分格缝，缝宽为20～30 mm；分格缝用弹性材料嵌缝（图4-23）。散水纵向距离每隔6～15 m设一道伸缩缝。

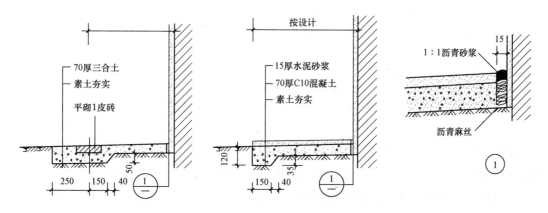

图4-23　散水构造做法

明沟的构造做法(图 4-24),通常可用砖砌、石砌、混凝土现浇等,沟底应做纵坡,坡度为 0.5%~1%,坡向窨井。沟中心应正对屋檐滴水位置,外墙与明沟之间应做散水。

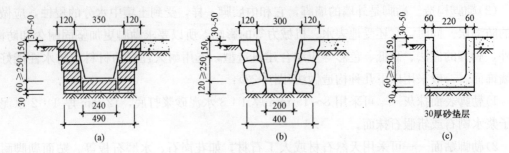

图 4-24　明沟构造做法

(a)砖砌明沟;(b)石砌明沟;(c)混凝土明沟

2. 门窗洞口构造

(1)门窗过梁。承重墙上的过梁还要支撑楼板荷载,常用的过梁有钢筋混凝土过梁(其中预制装配式过梁施工速度快,是最常用的一种)。

钢筋混凝土过梁承载能力强,可用于较宽的门窗洞口,对房屋不均匀下沉或振动有一定的适应性。图 4-25 为钢筋混凝土过梁的几种形式:

矩形截面过梁施工制作方便,是常用的形式[图 4-25(a)]。过梁宽度一般同墙厚、高度按结构计算确定,但应配合块材的规格,如 60 mm、120 mm、180 mm、240 mm,过梁两端伸进墙内的支撑长度不小于 250 mm。在立面中往往有不同形式的窗,过梁的形式应配合处理。例如:有窗套的窗,过梁截面则为 L 形,挑出 60 mm[图 4-25(b)];带窗楣的,可按设计要求出挑,一般可挑 300~500 mm[图 4-25(c)]。

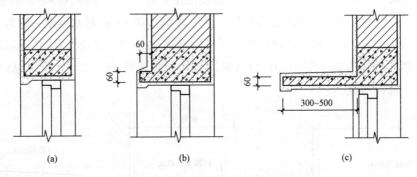

图 4-25　钢筋混凝土过梁

(a)平墙过梁;(b)带窗套过梁;(c)带窗楣过梁

钢筋混凝土的导热系数大于块材的导热系数,在寒冷地区为了避免在过梁内表面产生凝结水,常采用 L 形过梁,使外露部分的面积减小,或把过梁全部包起来(图 4-26)。

(2)窗台。窗台的作用是排除沿窗面流下的雨水,防止其渗入墙身且沿窗缝渗入室内,同时避免雨水污染外墙面。窗台一般高 900~1 000 mm,幼儿园活动室取 600 mm,售票台取 1 100 mm。

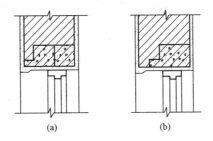

图 4-26　寒冷地区钢筋混凝土过梁

(a)平拱过梁；(b)弧拱过梁

为便于排水，一般设置为挑窗台。处于内墙或阳台等处的窗，不受雨水冲刷，可不必设挑窗台。外墙面材料为贴面砖时，墙面易被雨水冲洗干净，也可不设挑窗台。

1)外窗台有砖砌窗台和混凝土窗台两种做法。

①砖砌窗台(图 4-27)。砖窗台应用较广，有平砌挑砖和立砌挑砖两种做法。表面可抹1：3水泥砂浆，并应有 10%左右的坡度。挑出尺寸大多为 60 mm。

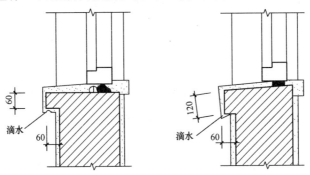

图 4-27　砖砌窗台

②混凝土窗台。一般是现场浇筑而成。

2)内窗台有水泥砂浆抹窗台和窗台板两种做法。

①水泥砂浆抹窗台。一般是在窗台上表面抹 20 mm厚的水泥砂浆，并应突出墙面5 mm为好。

②窗台板(图 4-28)。对于装修要求较高而且窗台下设置暖气片的房间，一般均采用窗台板。窗台板可以采用预制水泥板或水磨石板。装修要求特别高的房间还可以采用木窗台板。

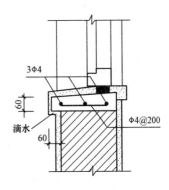

图 4-28　预制钢筋混凝土窗台

窗台的构造要求如下：

1)悬挑窗台向外出挑 60 mm，窗台长度最少每边应超过窗宽 120 mm。

2)窗台表面应做抹灰或贴面处理。侧砌窗台可做水泥砂浆勾缝的清水窗台。

3)窗台表面应做一定排水坡度，并应注意抹灰与窗下槛的交接处理，防止雨水向室内渗入。

4)挑窗台下应做成锐角或半圆凹槽(俗称"滴水")，便于排水，以免污染墙面。

3. 墙身加固措施

(1)门垛和壁柱。在墙体上开设门洞一般应设门垛[图 4-29(a)]，特别是在墙体转折处或丁字墙处，用以保证墙身稳定和门框安装。门垛宽度与墙厚、长度、块材尺寸规格相对应。如砖墙的门垛长度一般为 120 mm、180 mm、240 mm。门垛不宜过长，以免影响室内使用。

当墙体受到集中荷载或墙体过长时(如墙厚 240 mm、墙长超过 6 m)应增设壁柱(又叫扶壁柱)，使壁柱和墙体共同承担荷载并稳定墙身。壁柱的尺寸应符合块材规格。如砖墙壁柱通常凸出墙面 120 mm×370 mm、240 mm×370 mm 或 240 mm×490 mm[图 4-29(b)]。

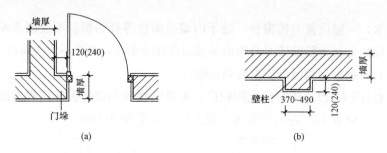

图 4-29　壁柱与门垛

(a)门垛；(b)壁柱

(2)圈梁。圈梁的作用是增加房屋的整体刚度和稳定性，减轻地基不均匀沉降对房屋的破坏，抵抗地震作用的影响。圈梁设在房屋四周外墙及部分内墙中，处于同一水平高度，其上表面与楼板底面平，像箍一样把墙箍住。

多层砖混结构房屋圈梁的位置和数量是：三层以下的建筑，一般设一道圈梁，四层以上的建筑根据横墙数量及地基情况隔一层或两层设一道圈梁。在抗震设防区，按照不同的设防等级设置圈梁。外墙及内纵墙屋盖处都应设圈梁，当抗震设防烈度为 6、7 度时，楼盖处每层设 1 道；当抗震设防烈度为 8、9 度时，每层楼盖设 1 道。而对于内横墙，当抗震设防烈度为 6、7 度时，屋盖处间距不大于 7 m、楼盖处间距不大于 15 m，构造柱对应部位都应设置圈梁；当抗震设防烈度为 8、9 度时，各层所有横墙全部设圈梁。砌块墙应按楼层每层加设圈梁。

圈梁与门窗过梁宜尽量统一考虑，可用圈梁代替门窗过梁。砌块墙中圈梁通常与窗过梁合并，可现浇，也可预制成圈梁砌块。圈梁宜连续地设在同一水平面上，并形成封闭状，当圈梁被门窗截断时，应在洞口上部增设相同截面的附加圈梁，附加圈梁与圈梁的搭接长度不应小于两梁垂直间距的 2 倍，且不得小于 1 m，如图 4-30 所示。

圈梁有钢筋混凝土圈梁和钢筋砖圈梁两种。钢筋混凝土圈梁整体刚度好，应用广泛。圈梁宽度同墙厚，圈梁高度不得小于 120 mm，一般高度与块材尺寸相对应，如砖墙中一般为 180 mm、200 mm、240 mm。钢筋砖圈梁采用 M5 砂浆砌筑，高度不小于五皮砖，在圈梁中设置 4Φ6 的通长钢筋，分上下两层布置。

当圈梁兼过梁，或圈梁局部下面有走道时，圈梁的配筋需进行结构计算确定。钢筋砖圈梁多用于非抗震区，其做法与钢筋砖过梁相同。

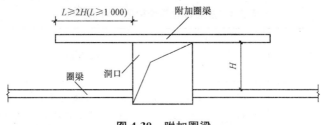

图 4-30 附加圈梁

为加强砌块建筑的整体性，砌块建筑应在适当的位置设置圈梁。当圈梁与过梁位置接近时，往往用圈梁取代过梁。砌块建筑圈梁的设置要求见表 4-3。

表 4-3 砌块建筑圈梁设置要求

圈梁位置	设置要求	附注
外墙及内纵墙	屋顶处应设置，楼板处应各层设置	1. 如采用预制圈梁，安装时应坐浆，并保证现浇接头牢固可靠；
内横墙	屋顶处应设置，模板处应各层设置，间距不宜大于 10 m	2. 屋顶处圈梁应现浇； 3. 承重墙厚≤200 mm 的砌块，宜每层设置一道圈梁

圈梁分现浇和预制两种。现浇圈梁整体性强，对加固墙身较为有利，但施工支模较为麻烦，因此，有些地区采用 U 形预制砌块代替模板，然后在凹槽内配置钢筋并现浇混凝土，如图 4-31 所示。

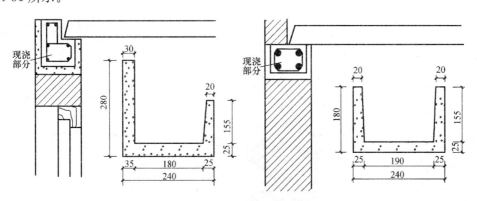

图 4-31 砌块墙的现浇梁

(3)构造柱。抗震设防地区，在使用块材墙承重的墙体中，设置钢筋混凝土构造柱也是增强建筑物的整体刚度和稳定性的有效措施之一。构造柱与各层圈梁连接，形成空间骨架，以增强房屋的整体刚度，提高墙体抵抗变形的能力，并使砖墙在受震开裂后也能"裂而不倒"。

多层砖混结构构造柱的设置部位为外墙四角、内外墙交接处、较大洞口两侧及错层部位横墙与外纵墙交接处等。表 4-4 所示为多层砖混结构构造柱的设置要求。

表 4-4　多层砖混结构构造柱设置要求

房屋层数				设置部位	
6 度	7 度	8 度	9 度		
≤五	≤四	≤三		楼、电梯间四角，楼梯斜楼段上下端对应的墙体处；	隔 12 m 或单元横墙与外纵墙交接处； 楼梯间对应的另一侧内横墙与外纵横交接处
六	五	四	二	外墙四角和对应转角；错层部位横墙与外纵墙交接处；	隔开间横墙（轴线）与外墙交接处； 山墙与内纵墙交接处
七	六、七	五、六	三、四	大房间内外墙交接处；较大没事洞口两侧	内墙（轴线）与外墙交接处； 内墙的局部较小墙垛处； 内纵墙与横墙（轴线）交接处
注：较大洞口，内墙指不小于 2.1 m 的洞口；外墙在内外墙交接处已设置构造柱时允许适当放宽，但洞侧墙体应加强。					

　　构造柱的截面尺寸应与墙体厚度一致。砖墙构造柱的最小截面尺寸为 240 mm×180 mm，竖向钢筋一般采用4Φ12，箍筋间距不宜大于 250 mm，在离圈梁上下不小于 1/6 层高或 500 mm 范围内，箍筋应适当加密。随地震烈度加大和层数增加，房屋四角的构造柱可适当加大截面及配筋。为加强构造柱与墙体的连接，施工时必需先砌墙，后浇筑钢筋混凝土柱，并应沿墙高每隔 500 mm 设 2Φ6 拉结钢筋，拉结钢筋每边伸入墙内不宜小于 1 m(图 4-32)。

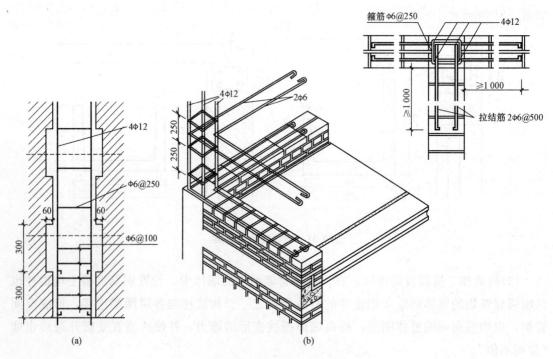

图 4-32　构造柱配筋及构造

(a)外墙转角处；(b)内外墙交接

（4）空心砌块墙墙芯柱。砌块墙构造柱是将砌块在垂直方向连成整体。构造柱多利用空心砌块上下孔洞对齐，并在孔中用 φ10～φ14 的钢筋分层插入，再用 C20 细石混凝土分层灌实。构造柱与砌块墙连接处的拉结钢筋网片每边伸入墙内不少于 1 m。混凝土小型砌块房屋可采用 φ4 点焊钢筋网片，沿墙高 600 mm 设置；中型砌块可采用 φ6 钢筋网片，隔皮设置，如图 4-33 所示。混凝土房屋构造柱设置要求见表 4-5。

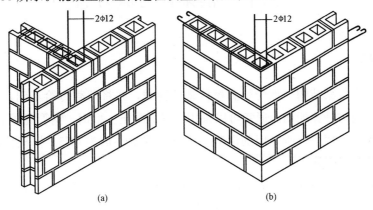

图 4-33　砌块墙构造柱

(a)内外墙交界处构造柱；(b)外墙转角处构造柱

表 4-5　混凝土房屋构造柱设置要求

房屋层数				设置部位	设置数量
6度	7度	8度	9度		
≤五	≤四	≤三		1)外墙四角和对应转角； 2)楼、电梯间四角；楼梯斜楼段上下端对应的墙体处； 3)大房间内外墙交接处； 4)错层部位横墙与外纵墙交接处； 5)隔 12 m 或单元横墙与外纵墙交接处	外墙转角，灌实 3 个孔； 内外墙交接处，灌实 4 个孔； 楼梯斜楼段上下端对应的墙体处，灌实 2 个孔
六	五	四	一	1)～5)同上； 6)隔开间横墙（轴线）与外纵墙交接处	
七	六	五	二	1)～5)同上； 6)各内墙（轴线）与外纵墙交接处； 7)内纵墙与横墙（轴线）交接处和洞口两侧	外墙转角，灌实 5 个孔； 内外墙交接处，灌实 4 个孔； 内墙交接处，灌实 4～5 个孔； 洞口两侧各灌实 1 个孔
	七	六	三	1)～5)同上； 6)横墙内芯柱间距不宜大于 2 m	外墙转角，灌实 7 个孔； 内外墙交接处，灌实 5 个孔； 内墙交接处，灌实 4～5 个孔； 洞口两侧各灌实 1 个孔
注：外墙转角、内外墙交接处、楼电梯间四角等部位，应允许采用钢筋混凝土构造柱替代部分芯柱。					

构造柱可不单独设置基础，但其下端应锚入地圈梁内，无地梁时应伸入底层地坪下500 mm处。

第四节　框架柱与剪力墙

一、框架柱

框架柱就是在框架结构中承受梁和板传来的荷载，并将荷载传给基础，是主要的竖向受力构件，需要通过计算配筋。通常可以采用钢筋混凝土、型钢、钢管混凝土等。

在框架结构中，框架柱所采用的混凝土强度等级最小值为C25。框架柱按截面划分有矩形柱、圆形柱和异形柱。

在框架结构中，有框支柱和框架柱。框支柱和框架柱的区别是：

(1)框支柱与框架柱所用部位不同。框支梁与框支柱用于转换层，如下部为框架结构，上部为剪力墙结构，支撑上部结构的梁柱为KZL和KZZ。

(2)框支柱是框架梁上的柱，用于转换层。框架柱与基础相连，框支柱与框架梁相连。

(3)框支柱以下的柱都是框架柱，而不与剪力墙相连的梁则为框架梁。

二、剪力墙

墙根据受力特点可以分为承重墙和剪力墙，前者以承受竖向荷载为主，如砌体墙；后者以承受水平荷载为主。剪力墙又称结构墙、抗风墙或抗震墙。房屋或构筑物中剪力墙主要承受风荷载作用引起的水平荷载。在抗震设防区，水平荷载主要由水平地震作用产生，因此剪力墙有时也称为抗震墙。剪力墙按结构剪切破坏，可以分为平面剪力墙和筒体剪力墙。平面剪力墙用于钢筋混凝土框架结构、升板结构、无梁楼盖体系中。为增加结构的刚度、强度及抗倒塌能力，在某些部位可现浇或预制装配钢筋混凝土剪力墙。现浇剪力墙与周边梁、柱同时浇筑，整体性好。筒体剪力墙用于高层建筑、高耸结构和悬吊结构中，由电梯间、楼梯间、设备及辅助用房的间隔墙围成，筒壁均为现浇钢筋混凝土墙体，其刚度和强度较平面剪力墙高，可承受较大的水平荷载。

剪力墙按结构材料可以分为钢筋混凝土剪力墙、钢板剪力墙、型钢混凝土剪力墙和配筋砌块剪力墙。其中，以钢筋混凝土剪力墙最为常用。

一般按照剪力墙上洞口的大小、多少及排列方式，将剪力墙分为以下几种类型：

(1)整体墙。没有门窗洞口或只有少量很小的洞口(可以忽略洞口的存在)时，这种剪力墙即为整体剪力墙，简称整体墙。

当门窗洞口的面积之和不超过剪力墙侧面积的15%，且洞口间净距及孔洞至墙边的净距大于洞口长边尺寸时，即为整体墙。

(2)小开口整体墙。门窗洞口尺寸比整体墙要大一些，此时墙肢中已出现局部弯矩，这种墙称为小开口整体墙。

（3）连肢墙。剪力墙上开有一列或多列洞口，且洞口尺寸相对较大，此时剪力墙的受力相当于通过洞口之间的连梁连在一起的一系列墙肢，故称连肢墙。

（4）框支剪力墙。当底层需要大空间时，采用框架结构支撑上部剪力墙，就形成框支剪力墙。在地震区，不容许采用纯粹的框支剪力墙结构。

（5）壁式框架。在连肢墙中，如果洞口开的再大一些，使得墙肢刚度较弱、连梁刚度相对较强时，剪力墙的受力特性已接近框架。由于剪力墙的厚度较框架结构梁柱的宽度要小一些，故称壁式框架。

开有不规则洞口的剪力墙有时由于建筑使用的要求，需要在剪力墙上开有较大的洞口，而且洞口的排列不规则。

第五节　隔　墙

隔墙是分隔室内空间的非承重构件。在现代建筑中，为了提高平面布局的灵活性，大量采用隔墙以适应建筑功能的变化。由于隔墙不承受任何外来荷载，且本身的重量还要由楼板或小梁来承受，因此应符合以下要求：

（1）自重轻，有利于减轻楼板的荷载；

（2）厚度薄，增加建筑的有效空间；

（3）便于拆卸，能随使用要求的改变而变化；

（4）有一定的隔声能力，使各使用房间互不干扰；

（5）满足不同使用部位的要求，如卫生间的隔墙要求防水、防潮，厨房的隔墙要求防潮、防火等。

隔墙的类型很多，按其构成方式可分为块材隔墙、轻骨架隔墙和板材隔墙三大类。

一、块材隔墙

块材隔墙是用普通砖、空心砖、加气混凝土等块材砌筑而成的，常用的有普通砖隔墙和砌块隔墙。目前框架结构中大量采用的框架填充墙，也是一种非承重块材墙，既作为外围护墙，也作为内隔墙使用。

1. 半砖隔墙

半砖隔墙(图 4-34)用普通砖顺砌，砌筑砂浆宜大于 M2.5。在墙体高度超过 5 m 时应加固，一般沿高度每隔 0.5 m 砌入 φ6 钢筋两根，或每隔 1.2～1.5 m 设一道 30～50 mm 厚的水泥砂浆层，内放两根 φ6 钢筋。顶部与楼板相接处用立砖斜砌，填塞墙与楼板间的空隙。隔墙上有门时，要预埋铁件或将带有木楔的混凝土预制块砌入隔墙中以固定门框。半砖隔墙坚固耐久，有一定的隔声能力，但自重大，湿作业多，施工麻烦。

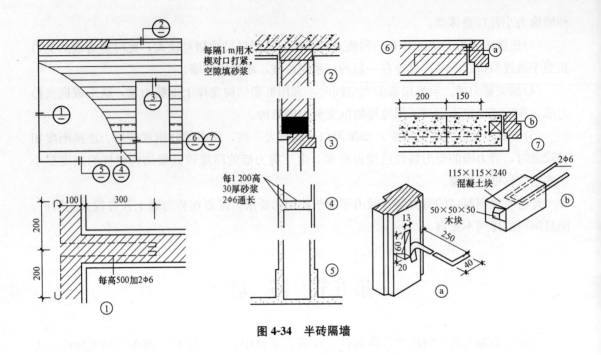

每隔 1 m 用木楔对口打紧，空隙填砂浆

每 1 200 高
30 厚砂浆
2Φ6 通长

115×115×240
混凝土块

50×50×50
木块

每高 500 加 2Φ6

图 4-34　半砖隔墙

2. 砌块隔墙

为了减少隔墙的重量，可采用质轻块大的各种砌块。目前最常用的是加气混凝土砌块、粉煤灰硅酸盐砌块、水泥炉渣空心砖等砌筑的隔墙。隔墙厚度由砌块尺寸而定，一般为 100～120 mm。砌块大多具有质轻、孔原率大、隔热性能好等优点，但吸水性强。因此，有防水、防潮要求时应在墙下先砌 3～5 皮吸水率小的砖。

砌块隔墙厚度较薄，需采取加强稳定性措施，其方法与砖隔墙类似。

用砌块砌墙时，砌块之间要搭接，上下皮的垂直缝要错开，搭接的长度为砌块长度的 1/4，高度的 1/3～1/2，并且中型砌块搭接长度不应小于 150 mm，小型砌块搭接长度不小于 90 mm。当搭接长度不足时，在水平灰缝内设置不小于 2Φ4 的钢筋网片，网片每端均超过该垂直缝不小于 300 mm，如图 4-35(a) 所示。

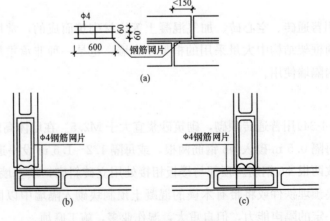

图 4-35　砌块墙构造

(a) 上下皮垂直缝＜150 mm 时的处理；(b) 转角处；(c) 内外墙相交处

外墙转角处及纵横墙相交处，砌块应相互搭接，纵横墙如不能搭接，必需用钢筋网片拉接，以满足墙体的强度和刚度要求，如图 4-35（b）、（c）所示。如为空心砌块，其孔用细石混凝土填实。

空心砌块墙体上搁置梁时，应在梁轴线下两侧的空心砌块孔用细石混凝土灌实。

在砌筑中出现局部不齐或缺少某些特殊规格砌块时，为减少砌块类型，常以砖填嵌，但应尽可能少镶砖，必须镶砖时，则尽量分散、对称，镶砖不宜侧砌或竖砌。对于作为隔墙或框架填充墙的轻质、大砌块墙，如图 4-36 所示，其构造要点主要体现在墙体与周边构件的拉结、合适的高厚比、其自重的支撑以及避免成为承重的构件，其中前两点涉及墙身的稳定性，后两点涉及结构的安全性。

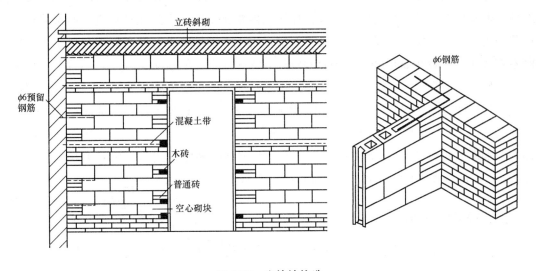

图 4-36　砌块墙构造

在骨架承重体系的建筑中，柱子上面每 500 mm 高左右就会留出两根拉结钢筋，以便在砌筑填充墙时将拉结钢筋砌入墙体的水平灰缝内。

高大的砌块填充墙可以采取增加钢筋混凝土小梁或构造柱的构造方法来解决墙体的稳定性。钢筋混凝土小梁又称为压砖槛，它是指每隔一定高度在墙身中浇筑约 60 mm 厚的配筋细石混凝土，内置 2φ6 的通长钢筋。砖墙高度不宜超过 4 m，长度不宜超过 5 m，否则每砌筑 1.2 m 的高度就应该做一道压砖槛。如有可能，该钢筋可与从填充墙两端柱子中伸出的拉结筋绑扎连通，这样相当于分段降低了填充墙的高度，既不必增加墙的厚度，又保证了其稳定性。同样，在填充墙中增加构造柱，构造柱与墙体同步施工的，从构造柱中每隔一定距离伸出拉结筋与分段的墙体拉结，这样也就加强了整段墙体的稳定性。添加钢筋混凝土的压砖槛以及构造柱的方法，可以在高大的填充墙体中同时使用。

砌体墙所用的砌筑块材的重量一般都较大，在骨架承重体系建筑物中添加填充墙或是在混合结构体系建筑物中添加隔墙，都应当考虑其下部的构件是否能够支撑其自重。如楼板采用的是预制钢筋混凝土多孔板，则原来在工厂预制时是按照板面均布荷载来设计的，在跨中不允许有较大的集中荷载，那么，楼层的某些位置就不能够添加像这样自重较大的填充墙或重隔墙。

此外，为了保证填充墙上部结构的荷载不直接传到该墙体上，即保证其不承重，当墙体砌筑到顶端时，将顶层的一皮砖斜砌。

3. 框架填充墙

框架体系的围护和分隔墙体均为非承重墙，填充墙是用砖或轻质混凝土块材砌筑在结构框架梁柱之间的墙体，既可用于外墙，也可用于内墙，施工顺序为框架完工后填充墙体。

填充墙的自重传递给框架支撑。框架承重体系按传力系统的构成，可分为梁、板、柱体系和板、柱体系。梁、板、柱体系中，柱子成序列有规则地排列，由纵横两个方向的梁将它们连接成整体并支撑上部板的荷载；板、柱体系又称为无梁楼盖，板的荷载直接传递给柱。框架填充墙是支撑在梁上或板、柱体系的楼板上的，为了减轻自重，通常采用空心砖或轻质砌块，墙体的厚度视块材尺寸而定，用于外围护墙等有较高隔声和热工性能要求时不宜过薄，一般在 200～250 mm。

轻质块材通常吸水性较强，有防水、防潮要求时应在墙下先砌 3～5 皮吸水率小的砖。填充墙与框架之间应有良好的连接，以便将其自重传递给框架支撑，其加固稳定措施与半砖隔墙类似，竖向每隔 500 mm 左右需从两侧框架柱中甩出 1 000 mm 长 2ϕ6 钢筋伸入砌体锚固，水平方向约 2～3 m 处需设置构造立柱；门框的固定方式与半砖隔墙相同，但超过 3.3 m 以上的较大洞口需在洞口两侧加设钢筋混凝土构造立柱。

二、轻骨架隔墙

轻骨架隔墙由骨架和面层两部分组成，由于是先立墙筋（骨架）后再做面层，因而又称为立筋式隔墙。

1. 骨架

常用的骨架有木骨架和轻钢骨架。近年来，为节约木材和钢材，出现了不少采用工业废料和地方材料及轻金属制成的骨架，如石棉水泥骨架、浇注石膏骨架、水泥刨花骨架、轻钢和铝合金骨架等。

木骨架由上槛、下槛、墙筋、斜撑及横档组成，上、下槛及墙筋断面尺寸为（45～50）mm×（70～100）mm，斜撑与横档断面相同或略小些，墙筋间距常用 400 mm，横档间距可与墙筋相同，也可适当放大。

轻钢骨架是由各种形式的薄壁型钢制成，其主要优点是：强度高、刚度大、自重轻、整体性好、易于加工和大批量生产，还可根据需要拆卸和组装。常用的薄壁型钢有 0.8～1 mm 厚槽钢和工字钢。

图 4-37 所示为一种薄壁轻钢骨架的轻隔墙。其安装过程是先用螺钉将上槛、下槛（也称导向骨架）固定在楼板上，上下槛固定后安装钢龙骨（墙筋），间距为 400～600 mm，龙骨上留有走线孔。

2. 面层

轻骨架隔墙的面层一般为人造板材面层，常用的有木质板材、石膏板、硅酸钙板、水

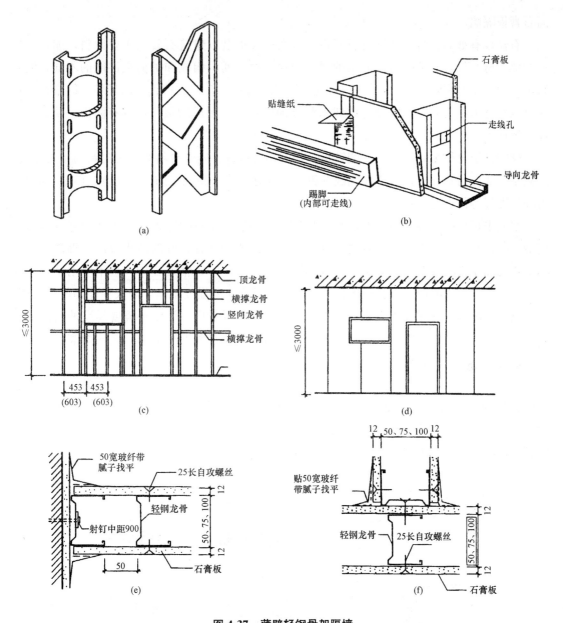

图 4-37　薄壁轻钢骨架隔墙

(a)薄壁轻钢骨架；(b)墙体组装示意；

(c)龙骨排列；(d)石膏板排列；(e)、(f)节点详图

泥平板等几类。

　　木质板材有胶合板和纤维板，多用于木骨架。胶合板是用阔叶树或松木经旋切、胶合等多种工序制成，常用的规格是 1 830 mm×915 mm×4 mm(三合板)和 2 135 mm×915 mm×7 mm(五合板)。硬质纤维板是用碎木加工而成的，常用的规格是 1 830 mm×1 220 mm×3 mm(4.5 mm)和 2 135 mm×915 mm×4 mm(5 mm)。石膏板是用一、二级建筑石膏加入适量纤维、胶粘剂、发泡剂等经辊压等工序制成。胶合板、硬质纤维板等以木材为原料的板材多用于木骨架，石膏面板多用石膏或轻钢骨架。隔墙的名称以面层材料而定，如轻钢龙骨纸

面石膏板隔墙。

石膏板有纸面石膏板和纤维石膏板。纸面石膏板是以建筑石膏为主要原料，加其他辅料构成芯材，外表面粘贴有护面纸的建筑板材，根据辅料构成和护面纸性能的不同，使其满足不同的耐水和防火要求。纸面石膏板不应用于高于 45 ℃的持续高温环境。纤维石膏板是以熟石膏为主要原料，以纸纤维或木纤维为增强材料制成的板材，具有防火、防潮、抗冲击等优点。

硅酸钙板全称为纤维增强硅酸钙板，是以钙质材料、硅质材料和纤维材料为主要原料，经制浆、成坯与蒸压养护等工序制成的板材，具有轻质、高强、防火、防潮、防蛀、防霉，可加工性好等优点。

水泥平板包括纤维增强水泥加压平板（高密度板）、非石棉纤维增强水泥中密度与低密度板（埃特板），是由水泥、纤维材料和其他辅料制成，具有较好的防火及隔声性能。含石棉的水泥加压板材收缩系数较大，对饰面层限制较大，不宜粘贴瓷砖，且不应用于食品加工、医药等建筑内隔墙。埃特板的低密度板适用于抗冲击强度不高，防火性能高的内隔墙，其防潮及耐高温性能亦优于石膏板。埃特板的中密度板适用于潮湿环境或易受冲击的内隔墙。表面进行压纹设计的瓷力埃特板，大大提高了对瓷砖胶的粘结力，是长期潮湿环境下板材以瓷砖作饰面时的极好选择。

人造板与骨架的关系有两种：一种是在骨架的两面或一面，用压条压缝或不用压条压缝，称为贴面式；另一种是将板材置于骨架中间，四周用压条压住，称为镶板式，如图4-38所示。在骨架两侧贴面式固定板材时，可在两层板材中间填入石棉等材料，提高隔墙的隔声、防火等性能。

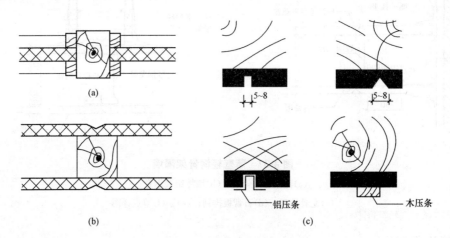

图 4-38　人造面板与骨架的连接
(a)镶板式；(b)贴面式；(c)面板接缝

人造板在骨架上的固定方法有钉、粘、卡三种（图 4-39）。采用轻钢骨架时，往往用骨架上的舌片或特制的夹具将面板卡到轻钢骨架上，这种做法简便、迅速，有利于隔墙的组装和拆卸。

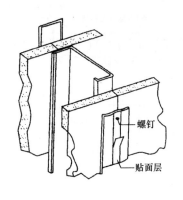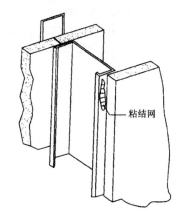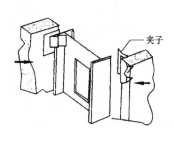

螺钉

粘结网

夹子

贴面层

图 4-39　人造板在骨架上的固定方法

三、板材隔墙

板材隔墙是指单板高度相当于房间净高，面积较大，且不依赖骨架，直接装配而成的隔墙。目前，板材隔墙采用的大多为条板，如各种轻质条板、蒸压加气混凝土板和各种复合板材等。

1. 轻质条板隔墙

常用的轻质条板有玻纤增强水泥条板、钢丝增强水泥条板、增强石膏空心条板、轻集料混凝土条板等。

条板的长度通常为 2 200～4 000 mm，常用规格为 2 400～3 000 mm。宽度常用 600 mm，一般按 100 mm 递增；厚度最小为 60 mm，一般按 10 mm 递增，常用 60 mm、90 mm 和120 mm。其中，空心条板孔洞的最小外壁厚度不宜小于 15 mm，且两边壁厚应一致，孔间肋厚不宜小于 20 mm。

增强石膏空心条板不宜用于长期处于潮湿环境或接触水的房间，如卫生间、厨房等。轻集料混凝土条板用在卫生间或厨房时，墙面须作防水处理。

条板墙体厚度应满足建筑防火、隔声、隔热等功能要求。单层条板墙体用作分户墙时其厚度不宜小于 120 mm；用作户内分隔墙时，其厚度不小于 90 mm。由条板组成的双层条板墙体用于分户墙或隔声要求较高的隔墙时，单块条板的厚度不宜小于 60 mm。

轻质条板墙体的限制高度为：60 mm 厚度时为 3.0 m；90 mm 厚度时为 4.0 m；120 mm厚度时为 5.0 m。

条板在安装时，与结构连接的上端用胶粘剂粘结，下端用细石混凝土填实或用一对对口木楔将板底楔紧。在抗震设防烈度 6～8 度的地区，条板上端应加 L 形或 U 形钢板卡与结构预埋件焊接固定，或用弹性胶连接填实。对隔声要求较高的墙体，在条板之间以及条板与梁、板、墙、柱相结合的部位应设置泡沫密封胶、橡胶垫等材料的密封隔声层。确定条板长度时，应考虑留出技术处理空间，一般为 20 mm，当有防水、防潮要求在墙体下部设垫层时，可按实际需要增加。图 4-40 所示为增强石膏空心条板的安装节点示例。

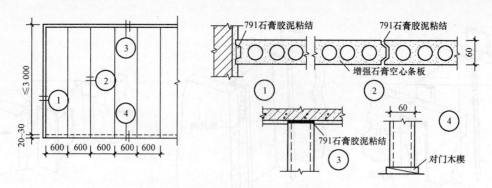

图 4-40　增强石膏空心条板隔墙

2. 蒸压加气混凝土板隔墙

蒸压加气混凝土板是由水泥、石灰、砂、矿渣等加发泡剂(铝粉)经原料处理、配料浇注、切割、蒸压养护工序制成,与同种材料的砌块相比,板的块型较大,生产时需要根据其用途配置不同的经防锈处理的钢筋网片。这种板材可用于外墙、内墙和屋面。其自重较轻,可锯、可刨、可钉,施工简单,防火性能好(板厚与耐火极限的关系是:75 mm 2 h,100 mm 3 h,150 mm 4 h),由于板内的气孔是闭合的,能有效抵抗雨水的渗透。但不宜用于具有高温、高湿或有化学有害空气介质的建筑中。

用于内墙板的板材宽度通常为 500 mm、600 mm,厚度为 75 mm、100 mm、120 mm等,高度按设计要求进行切割。安装时板材之间用水玻璃砂浆或 107 胶砂浆粘结,与结构的连接同轻质条板。图 4-41 所示为加气混凝土板隔墙的安装节点示例。

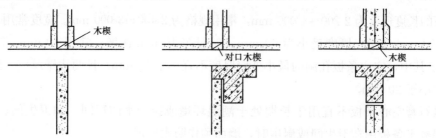

图 4-41　加气混凝土板隔墙与楼板的连接

3. 复合板材隔墙

由几种材料制成的多层板材为复合板材。复合板材的面层有石棉水泥板、石膏板、铝板、树脂板、硬质纤维板、压型钢板等。夹芯材料可用矿棉、木质纤维、泡沫塑料和蜂窝状材料等。

复合板材充分利用材料的性能,大多具有强度高、耐火性好、防水性好、隔声性能好等优点,且安装、拆卸方便,有利于建筑工业化。

我国生产的复合板材有金属面夹芯板,其上下两层为金属薄板,芯材为具有一定刚度的保温材料,如岩棉、硬质泡沫塑料等,在专用的自动化生产线上复合而成具有承载能力的结构板材,也称为"三明治"板。根据面材和芯材的不同,板的长度一般在 12 000 mm 以内,宽度为 900 mm、1 000 mm,厚度为 30～250 mm。金属面夹芯板是一种多功能的建筑材料，具有高强、保温好、隔热好、隔声好、装饰性能好等优点，既可用于内隔墙，还可用于外墙板、屋面板、吊顶板等。但泡沫塑料夹芯的金属复合板不能用于防火要求高的建筑。

➤ 复习思考题

1. 简述墙体类型的分类方式及类别。
2. 简述砖混结构的几种结构布置方案及特点。
3. 提高外墙的保温能力有哪些措施？
4. 墙体设计在使用功能上应考虑哪些设计要求？
5. 砌块墙的组砌要求有哪些？
6. 简述墙脚水平防潮层的设置位置、方式及特点。
7. 墙身加固措施有哪些？有何设计要求？
8. 简述门窗过梁的类型、特点及各自的适用范围。
9. 隔墙都有哪些类型？它们的特点是什么？

小型课程设计：墙体细部大样图

外墙身构造设计

一、任务要求

通过本作业掌握除屋顶檐口外的墙身剖面构造，训练绘制和识读施工图的能力。

二、作业条件

根据图 4-42 所示条件，绘制住宅外墙身剖面图。

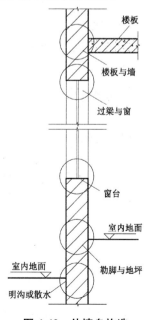

楼板
楼板与墙
过梁与窗
窗台
室内地面
勒脚与地坪
室内地面
明沟或散水

图 4-42 外墙身构造

已知：层高 3.2 m，室内外高差 300 mm，窗台距室内地面 900 mm 高，砖混结构，(240 厚墙体)。

要求沿外墙纵剖，从楼板以下至基础以上，绘制墙身剖面图。各种节点的构造做法很多，可任选一种做法绘制。

重点表示以下部位：

(1)窗过梁与窗台。

(2)圈梁。

(3)勒脚及其防潮处理。

(4)明沟或散水。

(5)楼地面做法。

(6)内外墙面做法。

三、作业要求及深度

1. 要求

图中必需标明材料、做法、尺寸、图中线条、材料符号等，按建筑制图标准表示。字体应工整，线型粗细分明。

比例：1∶10 或 1∶5。

用一张竖向 3 号图纸铅笔绘制完成(如果图纸尺寸不够，可在节点与节点之间用折断线断开)。

2. 深度

(1)绘定位轴线及编号圆圈。

(2)绘墙身、勒脚、内外装修厚度，绘出材料符号。

(3)绘水平防潮层，注明材料和做法，并注明防潮层的标高。

(4)绘散水(或明沟)和室外地面，用多层构造引出线标注其材料、做法、强度等级和尺寸；标注散水宽度、坡度；标注室外地面标高。标出散水与勒脚之间的构造处理。

(5)绘室内地坪层地面和楼层构造，用多层构造引出线标注其材料、做法、强度等级和尺寸；标注室内地面楼面标高，绘踢脚板。

(6)绘室内外窗台，表明形状，标注窗台厚度、宽度、坡度；标注窗台顶面标高(窗框可只画轮廓)。

(7)绘窗过梁、圈梁。注明尺寸和下皮标高。

第五章　楼板地面、阳台和雨篷

本章重点

楼板的构造组成及设计原则；现浇钢筋混凝土楼板的类型；阳台、雨篷的类型和设置。

学习目标

理解楼板的设计原则，掌握楼板的构造组成，熟悉现浇混凝土楼板的类型。掌握阳台、雨篷的类型和设置。

楼地层是沿水平方向分隔房屋空间的承重构件，包括楼板层和地坪层。楼板层位于建筑物中间，分隔上下楼层空间，它承受作用于其上面的各种活荷载和构件本身的重力荷载，并把这些荷载传递给承重的墙或梁、柱，同时，对墙体起水平支撑和加强结构整体性的作用。地坪层位于建筑物底层，分隔大地与底层空间，它承受作用其上的荷载及自重，并将这些荷载直接传递给地基。楼板层和地坪层均由多个构造层次组成，总厚度取决于每一构造层的厚度，具有多种功能作用，根据建筑物使用功能的不同，构造层次的数量可以改变，但基本构造层次不变。

第一节　楼 板 层

一、楼板层的构成

楼板层由面层、结构层和顶棚三部分构成。在多层建筑中楼板层一般还需要设置管道铺设、防水、隔声和保温等各种附加层，如图 5-1 所示。

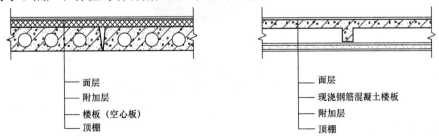

面层
附加层
楼板（空心板）
顶棚

面层
现浇钢筋混凝土楼板
附加层
顶棚

图 5-1　楼板层的组成

(1)面层是楼板层的最上层，起着保护楼板层、分布荷载和绝缘的作用，同时对室内起美化装饰作用。

(2)结构层位于面层和顶棚之间，一般包括梁和板，是承重构件，承受楼板层上的全部荷载并将这些荷载传给墙或柱；同时对墙身起水平支撑作用，以加强建筑物的整体刚度。

(3)顶棚位于楼板层最下层，主要作用是保护结构层、遮挡敷设的管线，安装灯具、改善室内光照条件，装饰美化室内空间。

(4)附加层又称功能层，通常设置在面层和结构层之间，或者结构层和顶棚之间，根据楼板层的具体要求而设置，主要作用是隔声、隔热、保温、防水、防潮、防腐蚀、防静电等。

二、楼板层的类型

根据所用材料不同，楼板可分为木楼板、钢筋混凝土楼板和钢衬板组合楼板等多种类型，如图 5-2 所示。

1. 木楼板

木楼板是在由墙或梁支撑的木搁栅上铺钉木板，木搁栅之间有剪刀撑，如图 5-2(a)所示。木楼板自重轻，保温隔热性能好、舒适、有弹性，只在木材产地采用较多，但耐火性和耐久性均较差，且需耗用大量木材，为节约木材和满足防火要求，现采用较少。

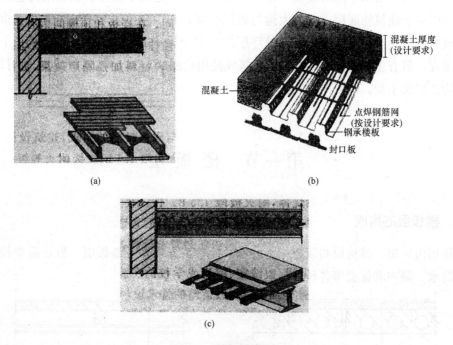

图 5-2　楼板的类型
(a)木楼板；(b)钢筋混凝土楼板；(c)钢衬板组合楼板

2. 钢筋混凝土楼板

钢筋混凝土楼板具有强度高、刚度大、耐火性和耐久性好的优点，还具有良好的可塑性，便于工业化生产，应用最广泛，如图 5-2(b)所示。

3. 钢衬板组合楼板

钢衬板组合楼板是在钢筋混凝土基础上发展起来的，如图 5-2(c)所示，是用截面为凹凸型的压型钢板作为衬板与现浇混凝土组合而成的楼板结构。钢衬板作为楼板的受弯构件和底模，提高了楼板的强度和刚度，使结构的跨度增大，减少了梁的数量，减轻了楼板自重，加快了施工进度，是目前正大力推广的一种新型楼板。

三、楼板层的设计原则

1. 具有足够的强度和刚度

楼板层具有足够的强度和刚度是其正常、安全使用的必备条件。强度是指楼板承受载荷的能力，指楼板层应保证在自重和活荷载作用下安全可靠，不发生任何破坏。刚度是指楼板抵抗变形的能力，指楼板层在一定荷载作用下发生的变形应在允许范围内；结构规范规定现浇楼板的相对挠度为跨度的 $1/350 \sim 1/250$；装配楼板的相对挠度不大于跨度的 $1/200$。

2. 满足隔声要求

楼板层应具有一定隔绝噪声的能力，避免上下层房间的相互影响。不同使用性质的房间对隔声的要求不同，如我国对住宅楼板的隔声标准规定：一级隔声标准为 65 dB，二级隔声标准为 75 dB 等。对一些特殊性质的房间(如广播室、录音室、演播室等)的隔声要求则更高。

楼板层主要是隔绝固体传声，固体传声是指人的脚步声、拖动家具对楼板的撞击声、敲击楼板等噪声。防止固体传声一般采取以下措施：

(1)设弹性面层。在楼板表面铺设弹性面层，如地毯、橡胶、塑料毡等，或在面层镶软木砖，弹性面层可以减缓冲击力，吸收一部分撞击楼板层的声能，减弱楼板本身的振动，达到隔声的效果，如图 5-3(a)所示。

(2)设弹性垫层。在楼板与面层之间铺设片状、条状或块状的弹性垫层，以降低楼板的振动，形成浮筑式楼板。弹性垫层使楼板与面层完全隔离，起到较好的隔声效果，但施工麻烦，采用较少，如图 5-3(b)所示。

(3)设吊顶。在楼板下设置吊顶，使固体噪声不直接传入下层空间。在楼板和顶棚间留有空气层，采用隔绝空气声的办法来降低固体传声；吊顶与楼板采用弹性挂钩连接，使楼板的振动在弹性吊钩处减弱。对隔声要求高的房间，还可以在顶棚上铺设吸声材料加强隔声效果，如图 5-3(c)所示。

3. 具有一定的防火能力

楼板层应该满足《建筑设计防火规范》(GB 50016—2014)对其材料燃烧性能与耐火极限的要求。《建筑设计防火规范》(GB 50016—2014)规定：一级耐火等级建筑的楼板应具有不燃性，耐火极限 1.5 h；二级耐火等级的楼板应具有不燃性，耐火极限 1.0 h；三级耐火等

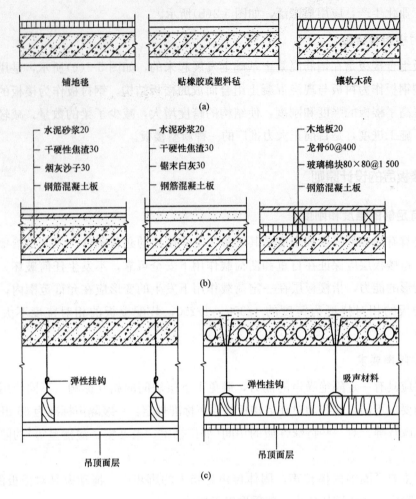

铺地毯   贴橡胶或塑料毡   镶软木砖

(a)

水泥砂浆20   水泥砂浆20   木地板20
干硬性焦渣30   干硬性焦渣30   龙骨60@400
烟灰沙子30   锯末白灰30   玻璃棉块80×80@1 500
钢筋混凝土板   钢筋混凝土板   钢筋混凝土板

(b)

弹性挂钩   弹性挂钩   吸声材料

吊顶面层   吊顶面层

(c)

图 5-3　楼板隔固体声构造

(a)弹性面层；(b)浮筑式楼板；(c)吊顶

级的楼板应具有不燃性，耐火极限 0.5 h；四级耐火等级的楼板可具有可燃性。保证在火灾发生时，在一定时间内不至于因楼板塌陷而给生命和财产带来损失。

4. 具有防水能力

对于用水较多的房间，如卫生间、盥洗室、厨房、学校的实验室、医院的检验室等，必需满足防水的要求，选用的材料应密实、不透水，做适当的排水坡，并且须设置地漏。对于有水的房间地面应设置防水层。楼板与墙体交接处及管道穿过楼板处，要做防水处理，以免水渗漏到下层空间和墙体。

5. 具有保温能力

根据建筑物及其所处地区的使用要求，楼板应采取相应的保温、隔热措施，可以减少热损失。对于一些暴露在室外的楼板，如架空层楼板，如果没有足够的保温隔热措施，会形成"热桥"，不仅会使热量丧失，还易产生凝结水，影响建筑物的耐久性；对于与土壤直接接触的地坪层，有时也需要做保温层以防止热量从土壤中流失。

6. 满足各种管线的设置

在现代建筑中，有很多管道、线路将借楼板层来敷设。在楼板层设计时，应考虑管道对建筑层高的影响，并且应考虑各种设备管线的走向。

7. 满足建筑经济的要求

楼板设置还应满足经济要求。一般情况下，在多层房屋中楼板层的造价占建筑总造价的 $20\%\sim30\%$，因此，在进行楼板结构选型、结构布置和确定构造方案时，应结合建筑物的质量标准、使用要求及施工技术条件，选择经济合理的方案，尽量减少材料消耗、降低工程造价，满足建筑经济的要求。

第二节　现浇钢筋混凝土楼板

现浇钢筋混凝土楼板是在施工现场支模、绑扎钢筋、浇筑混凝土而成型的楼板结构。其优点是整体性好、强度高、刚度大、抗震、防水、结构布置灵活，不受房间尺寸形状限制；缺点是劳动强度大、现场湿作业多、模板利用率低、施工周期长。

根据现浇钢筋混凝土楼板的受力和传力情况可分为板式楼板、梁板式楼板、无梁楼板和压型钢板组合楼板。

一、板式楼板

在墙体承重建筑中，当房间跨度较小时，楼板可直接搁置在墙体上，而不需要另设梁，这种楼板称为板式楼板，多用于厨房、卫生间、走廊等较小空间。板式楼板根据受力和传力情况，可分为单向板、双向板和悬臂板。

（1）单向板。当板的长边尺寸 l_2 与短边尺寸 l_1 的比值大于 2 时，为单向板，如图 5-4（a）所示。在荷载作用下，板的受力只向短边传递，且在短边方向产生变形，在长边方向变形很小。单向板的板厚为板短边跨度的 $1/35\sim1/30$，且不小于 60 mm，一般民用建筑楼板厚为 $70\sim100$ mm，工业建筑楼板厚为 $80\sim180$ mm。

（2）双向板。当板的长边尺寸 l_2 与短边尺寸 l_1 的比值小于等于 2 时，为双向板，如图 5-4（b）所示。在荷载作用下，板的受力向两个方向传递，板的两个方向都产生变形。双向板的板厚为板短边跨度的 $1/40\sim1/35$，一般板厚为 $80\sim160$ mm。双向板使板的受力和传力更加合理，构件的材料更能充分发挥作用。

（3）悬臂板。悬臂板主要用于雨篷、阳台等部位，悬臂板只在一端支撑，因此受力筋设在板的上部。板厚为跨度的 $1/12$，且不小于 60 mm。

另外，板的支撑长度也有具体规定：当板支撑在砖石墙体上，其支撑长度不小于 120 mm 或板厚；当板支撑在钢筋混凝土梁上时，其支撑长度不小于 60 mm；当板支撑在钢梁或钢屋架上时，其支撑长度不小于 50 mm。

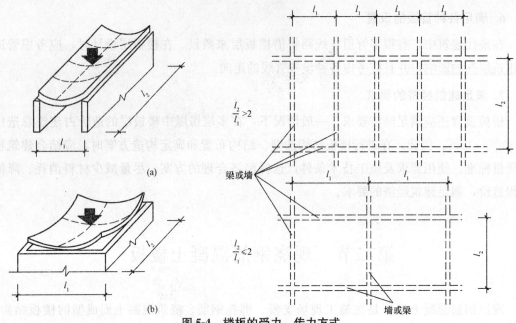

图 5-4 楼板的受力、传力方式

(a) 单向板；(b) 双向板

二、梁板式楼板

当楼板的跨度太大时，如果还是采用板式楼板势必增加板的厚度，不经济且增加结构自重。如果在楼板中增设梁，形成梁板式楼板就能满足较大空间楼板的需要。梁板式楼板包括次梁楼板和主次梁楼板。

(1) 次梁楼板。楼板的跨度在 4～6 m 时，板中设次梁。这种楼板只有一个方向有梁，梁高一般为跨度的 1/12～1/10，板厚包括在梁高之内，梁宽取梁高的 1/3～1/2。荷载传递顺序为：板→次梁→墙或柱。

(2) 主次梁楼板。主次梁楼板又称为肋形楼板（图 5-5），楼板跨度超过 5 m 时，板中设主梁和次梁形成肋形楼板。肋形楼板由主梁、次梁、单向板组成。荷载传递顺序为：板→次梁→主梁→墙或柱。

在满足功能的前提下，合理选择梁、板的经济跨度和截面尺寸，一般主梁的经济跨度为 5～8 m，梁高为跨度的 1/14～1/8，梁宽为高度的 1/3～1/2；次梁的经济跨度为 4～6 m，梁高为跨度的 1/18～1/12，梁宽为高度的 1/3～1/2；板的经济跨度为 1.7～3 m，厚度为 60～80 mm，梁高的选择应综合考虑层高、房间净高、设备管道、吊顶及面层等。当梁高受限制时，可考虑用宽扁梁、预应力梁或钢筋混凝土梁等。

为避免支撑在梁或墙上的板把墙压坏和保证可靠地传递荷载，在支座处应有一定的支撑面积。规范规定了最小的搁置长度：板在砖墙上的搁置长度一般不小于板厚，且不小于120 mm。梁在砖墙上的搁置长度与梁高有关，当梁高不大于 500 mm 时，搁置长度不小于180 mm；当梁高大于 500 mm 时，搁置长度不小于 240 mm。在工程实践中，一般次梁的搁置长度采用 240 mm，主梁的搁置长度采用 370 mm。当梁的荷载较大，经过计算墙的支撑面积不够时，可设梁垫，把梁传来的荷载扩散到较大的面积上去，防止因局部挤压而使砖砌体破坏，如图 5-6 所示。

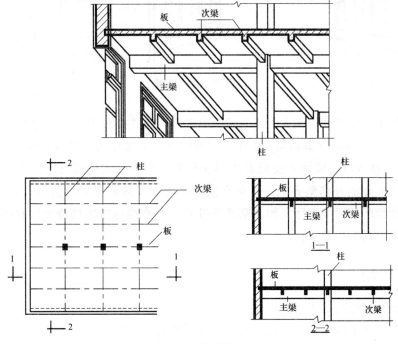

图 5-5　肋形楼板

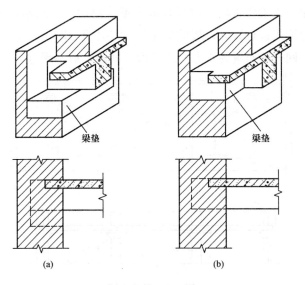

图 5-6　混凝土梁垫

（a）预制；（b）现浇

(3)井式楼板。当房间的形状近似方形，或长短边之比不大于 2 且跨度在 10 m 左右时，沿两个方向交叉布置梁，不分主次，高度相等，同位相交成井字，形成井式楼板，如图 5-7 所示。当房间长宽比较大时，梁与楼板平面的边线可成 45°斜交布置。井式楼板的板为双向板，因此，井式楼板也称双向板肋梁楼板。

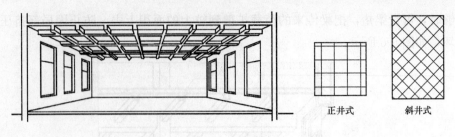

正井式   斜井式

图 5-7　井式楼板

井式楼板适用于长宽比不大于 1.5 的矩形平面，井式楼板中板的跨度为 3.5～6 m，梁的跨度可达 20～30 m，梁截面高度不小于梁跨的 1/15，宽度为梁高的 1/4～1/2，且不少于120 mm。井式楼板可与墙体正交放置或斜交放置。由于井式楼板可以用于较大的无柱空间，而且楼板底部的井格整齐划一，很有韵律，稍加处理就可形成艺术效果很好的顶棚，常用于公共建筑的门厅或大厅。如北京政协礼堂、北京西苑饭店接待大厅和南京金陵饭店门厅及宴会厅等均采用井式楼板。

三、无梁楼板

无梁楼板是将板直接支撑在柱上，不设主梁和次梁，如图 5-8 所示。由于取消了柱间及板底的梁，因此可以有效增加房间净高。无梁楼板为等厚的平板直接支撑在柱上，可分为有柱帽和无柱帽两种。当楼面荷载比较小时，可采用无柱帽楼板；当楼面荷载较大时，必需在柱顶加设柱帽。无梁楼板的柱可设计成方形、矩形、多边形和圆形；柱帽可根据室内空间要求和柱截面形式进行设计；板的最小厚度不小于 120 mm 且不小于板跨的 1/35～1/32。无梁楼板的柱网一般布置为正方形或矩形，间跨一般不超过 6 m。

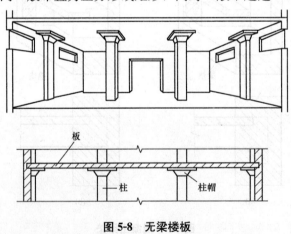

板

柱　　　　柱帽

图 5-8　无梁楼板

无梁楼板的板柱体系适用于非抗震区的多高层建筑，如用于商店、书库、仓库、车库等荷载大、空间较大、层高受限制的建筑中。对于板跨大或大面积、超大面积的楼板、屋顶，为减少板厚，控制挠度和避免楼板上出现裂缝，近年来在无梁楼板结构中常采用部分预应力技术。无梁楼板具有顶棚平整、净空高度大、采光通风条件较好、施工简便等优点；但楼板较厚，用钢量较大，相对造价较高。

四、压型钢板组合楼板

压型钢板组合楼板是利用截面为凹凸相间的压型钢板做衬板与现浇混凝土面层浇筑在一起支撑在钢梁上，是整体性很强的一种楼板；楼板由混凝土和钢板共同受力，即混凝土承受剪应力与压应力，压型钢板承受拉应力，压型钢板同时也是混凝土的永久模板。压型钢板肋间的空隙还可以敷设室内电力管线，也可在钢衬板底部焊接架设悬吊管道、通风管道和吊顶棚的支托。

压型钢板组合楼板充分利用了材料性能，简化了施工程序，加快了施工进度。楼板的整体性、强度和刚度都很好，在国际上已普遍采用；但其耐火性和耐锈蚀性不如钢筋混凝土楼板，且用钢量较大，造价较高。

第三节　装配式及装配整体式钢筋混凝土楼板

一、装配式钢筋混凝土楼板

装配式钢筋混凝土楼板是把楼板按一定规格在工厂或预制现场先制作好，然后在施工现场进行安装。凡建筑设计中平面形状规则、尺寸符合模数要求的建筑，就可以采用预制楼板。预制板的长度一般与房屋的开间或进深一致，为 300 mm 的倍数；板的宽度根据制作、吊装、运输条件以及有利于板的排列组合确定，一般为 100 mm 的倍数；板的截面尺寸须经结构计算确定。

1. 板的类型

预制装配式钢筋混凝土楼板有预应力和非预应力两种，根据其截面形式可分为实心平板、槽形板和空心板三种，如图 5-9 所示。

(1)实心平板。实心平板规格较小，跨度在 1.5 m 左右，板厚一般为 60 mm。平板支撑长度：搁置在钢筋混凝土梁上时不小于 80 mm，搁置在内墙上时不小于 100 mm，搁置在外墙时不小于 120 mm。

预制实心平板跨度小，板面上下平整，制作简单，但自重较大，隔声效果差，常用于过道、卫生间的楼板、搁板、管沟盖板、阳台板和雨篷板等处。

(2)槽形板。槽形板是一种肋板结合的预制构件，即在实心板的两侧设有边肋，使板上的荷载传给边肋，板宽为 500～1 200 mm，非预应力槽形板板跨长通常为 3～6 m。板肋高为 120～240 mm，板厚仅 30 mm。槽形板减轻了板的自重，具有节省材料，便于在板上开洞等优点，但隔声效果差。

槽形板做楼板时，正置槽形板由于板底不平，通常需做吊顶，为避免板端肋被压坏，可在板端伸入墙内部分堵砖填实；倒置槽形板可保证板底平整，但受力不如正置槽形板合理。

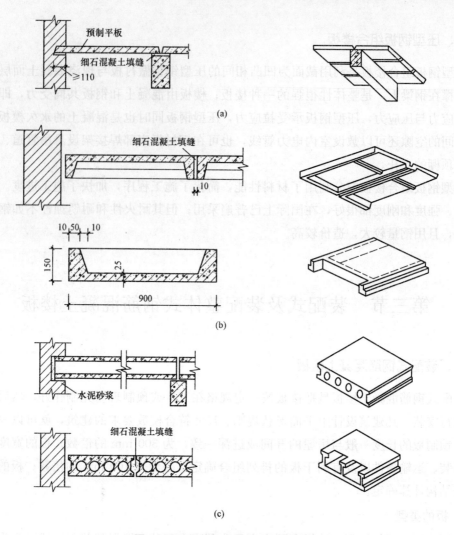

图 5-9 预制装配式钢筋混凝土楼板

(a)实心平板；(b)槽形板；(c)空心板

2. 板的布置方式

板的结构布置方式应根据空间的大小、铺板的范围以及尽可能减少板的规格种类等因素综合考虑，达到结构布置经济、合理。板的支撑方式有板式和梁板式，预制板直接搁置在墙上时称为板式结构布置；预制板支撑在梁上，梁再搁置在墙上时称为梁板式结构布置。

板的布置尽可能沿短跨方向布置，应避免出现三边支撑的情况。

3. 板的搁置要求

板支撑于梁上时其搁置长度应不小于 80 mm；支撑于内墙上时其搁置长度应不小于 100 mm；支撑于外墙上时其搁置长度应不小于 120 mm。铺板前，先在墙或梁上用 10～20 mm 厚 M5 水泥砂浆找平(即坐浆)，然后再铺板，使板与墙或梁有较好的连接，同时也使墙体受力均匀。

当采用梁板式结构时，板在梁上的搁置方式一般有两种，一种是板直接搁置在梁顶上；

另一种是板搁置在花篮梁或十字梁上。

4. 板缝处理

预制板板缝起着连接相邻两块板协同工作的作用，使楼板成为一个整体。在具体布置楼板时，往往出现缝隙。对板缝的处理一定要严格按施工规程进行，避免在板缝处出现裂缝而影响楼板的使用和美观。

当板缝小于 30 mm 时，用不低于 C20 的细石混凝土灌实即可；当板缝大于 50 mm 时，应在缝中加钢筋网片再灌细石混凝土；当板缝为 60~120 mm 时，可将缝留在靠墙处，沿墙挑砖填缝，如图 5-10(a)所示；当板缝为 120~200 mm 时，可采用现浇板带处理，将需穿越的管道设在现浇板带处，如图 5-10(b)所示；当板缝大于 200 mm 时，调整板的规格如图 5-10(c)所示。

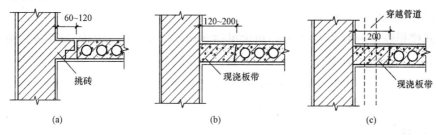

图 5-10　板缝的处理

二、装配整体式钢筋混凝土楼板

装配整体式钢筋混凝土楼板是采用部分预制构件，通过现浇混凝土的办法使其连成一体的楼板结构。预制部分可采用陶土空心砖、加气混凝土块、炉渣或粉煤灰等工业废料制成的块材等。装配整体式楼板具有整体性好、刚度大、强度高、抗震性能好的优点，同时也具有施工速度快，现场湿作业少的优点，降低了工人的劳动强度，提高了建筑工业化的水平。但是，由于装配整体式楼板的工序较多、质量要求高、造价较高，因而抑制了它的发展。目前，装配整体式楼板多用在高层建筑楼板中。

1. 密肋楼板

密肋楼板是现浇(或预制)密肋小梁间安放预制空心砌块并现浇面板而制成的楼板结构，具有整体性强、刚度大、自重轻和模板利用率高等特点。密肋楼板构造如图 5-11 所示。

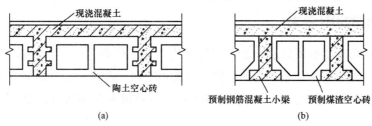

图 5-11　密肋楼板构造示意图

(a)现浇密肋楼板；(b)预制小梁密肋楼板

密肋楼板的肋的间距及高度应与填充物尺寸配合，通常肋的间距为 700～1 000 mm，肋宽为 60～150 mm，肋高为 200～300 mm，板的厚度不小于 50 mm，楼板的适用跨度为 4～10 m。

密肋楼板填充块楼板板底平整，有较好的隔声、保温、隔热效果，在施工中空心砖还可起到模板作用，有利于管道的铺设。密肋楼板由于肋间距小，肋的截面尺寸不大，使楼板结构所占的空间较小，此类楼板常用于学校、住宅、医院等建筑中。

2. 叠合式楼板

采用预制的预应力薄板做底模与现浇混凝土面层叠合而成的装配整体式楼板称为叠合式楼板，它既节省模板，同时整体性又较好，如图 5-12 所示。叠合式楼板的优点是底面平整，顶棚可直接喷浆或粘贴装饰顶棚壁纸。此类楼板在学校、住宅、旅馆、办公楼、医院和仓库等民用建筑中应用较多。

叠合式楼板跨度一般为 4～6 m，最大可达 9 m，以 5.4 m 以内较为经济。预应力薄板厚通常为 50～70 mm，板宽 1.1～1.8 m，板间应留缝 10～20 mm。现浇叠合层采用 C20 混凝土，厚度一般为 70～120 mm，应不小于预应力薄板的厚度；叠合楼板的总厚度取决于板的跨度，一般为 150～250 mm，楼板厚度为薄板厚度的 2 倍。为保证预制薄板与叠合层的连接，薄板上表面需作处理；常见的处理有两种：一种是在上表面做刻槽处理，刻槽直径 50 mm，深 20 mm，间距 150 mm；另一种是在薄板上表面预留三角形的结合钢筋。

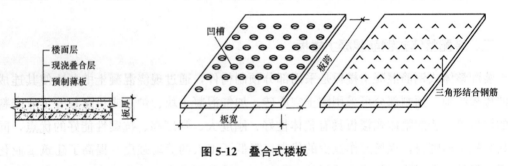

图 5-12　叠合式楼板

第四节　楼 地 面

一、楼地面的设计要求

楼地面是室内重要的装修层，是人们日常生活、工作和生产时直接接触的部分，属于装修层，直接承受荷载，并经常受到磨损、撞击和洗刷。因此地面应满足下列要求：

(1)具有足够的坚固性。在家具设备等作用下不易被磨损和破坏，且表面平整、光洁、易清洁和不起灰。

(2)保温性能好。要求地面材料的导热系数小，给人以温暖舒适的感觉，冬期时走在上面不致感到寒冷。

(3)具有一定的弹性。当人们行走时不致有过硬的感觉，同时，有弹性的地面对防撞击有利。

(4)满足某些特殊要求。对于有水的房间，地面应防潮、防水；对于有火灾隐患的房间，应防火、阻燃；对有酸碱作用的房间，应耐腐蚀。

二、楼地面的类型

按面层所用材料和施工方式不同，常见地面做法可分为以下几类。

(1)整体地面，通常有水泥砂浆地面、细石混凝土地面、水泥石屑地面、水磨石地面等。

(2)块材地面，通常有砖铺地面，面砖、缸砖及陶瓷锦砖地面等。

(3)塑料地面，通常有聚氯乙烯塑料地面、涂料地面等。

(4)木地面。木地面通常采用条木地面和拼花木地面。

三、楼地面的构造

1. 整体地面

(1)水泥砂浆地面。水泥砂浆地面即在混凝土结构层上抹水泥砂浆，一般有单层和双层两种做法。单层做法只抹一层 15～20 mm 厚 1：2 或 1：2.5 水泥砂浆；双层做法是先在结构层上抹 10～20 mm 厚 1：3 水泥砂浆找平层，表面层再抹 5～10 mm 厚 1：2 水泥砂浆。双层做法平整不易开裂。

水泥砂浆地面具有一定的强度，耐磨性和耐久性均较好，防水、防潮，经济实用，构造简单，施工方便。但水泥砂浆地面导热系数大，冬天冷，而且表面易起灰，不清洁。

(2)细石混凝土地面。细石混凝土地面即在基层上刷素水泥浆结合层一道，30 mm 厚 C20 细石混凝土随打随抹光。这种地面强度高、干缩值小、地面的整体性好，克服了水泥地面干缩大、超砂的特点。与水泥地面相比，耐久性好，但厚度较大，一般为 30～40 mm。

(3)水泥石屑地面。水泥石屑地面是以石屑替代砂的一种水泥地面，亦称豆石地面或瓜米石地面。这种地面性能近似水磨石，表面光洁，不易起尘，易清洁，造价仅为水磨石地面的 50%。水泥石屑地面构造有一层和两层两种做法。一层做法是在结构层上直接做 25 mm 厚 1：2 水泥石屑提浆抹光；两层做法是增加一层 15～20 mm 厚 1：3 水泥砂浆找平层，面层铺 15 mm 厚 1：2 水泥石屑提浆抹光。

(4)水磨石地面。水磨石为分层构造，结构层用 15～20 mm 厚的 1：3 水泥砂浆找平，面层为 12 mm 厚 1：1.5～1：2 水泥石子浆，石子粒径为 8～10 mm，分格条一般高 10 mm，用 1：1 水泥砂浆固定，面层硬化后用磨石机粗磨、中磨、细磨，每道工序都是边磨边浇水，磨完后用水清洗，最后待面层干燥后用草酸水擦洗干净，打蜡上光。水磨石地面具体构造如图 5-13 所示。水磨石地面的特点是耐磨性、耐久性、防水性好，并具有美观、表面光洁、不起尘、易清洁等优点，是一种比较高档的地面做法。水磨石地面的分格条可采用铜条、铝条和玻璃条。水磨石地面的缺点是导热系数大，冬天冷，遇水、油地面较滑，通常应用于公共建筑的门厅、走道及主要房间地面等部位。

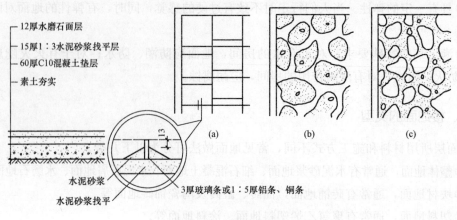

图 5-13　水磨石地面

2. 块材地面

块材地面是利用各种人造的预制块材、板材镶铺在基层上面形成地面。块材地面的结合层有刚性结合层和非刚性结合层两种，刚性结合层一般为水泥砂浆，非刚性结合层一般为粗砂、细炉渣等。块材面积小、厚度薄时一般采用刚性结合层；块材面积大、厚度厚时，一般采用非刚性结合层。块材地面种类很多，常用的有黏土砖、水泥砖、混凝土块、水磨石块、缸砖、陶瓷锦砖等。

(1)铺砖地面。铺砖地面有黏土砖地面、水泥砖地面、预制混凝土块地面等。铺设方式按结合层做法有两种：干铺和湿铺。干铺是在基层上铺一层 20～40 mm 厚砂子，将砖块、水泥预制板等直接铺设在砂上，板块间用砂或砂浆填缝；湿铺是在基层上铺 1∶3 水泥砂浆 12～20 mm 厚，粘贴各种砖块，接着用 1∶1 水泥砂浆灌缝。

(2)缸砖、地砖及陶瓷锦砖(俗称马赛克)地面。缸砖是陶土加矿物颜料烧制而成的一种无釉砖块，形状有正方形、六边形、八角形等。缸砖的颜色有很多种，但以红棕色和深米黄色居多。缸砖质地细密坚硬，强度较高，耐磨、耐水、耐油、耐酸碱，易于清洁不起灰，施工简单，因此，广泛应用于卫生间、盥洗室、浴室、厨房、实验室及有腐蚀性液体的房间地面。

缸砖、地面砖构造做法：20 mm 厚 1∶3 水泥砂浆找平，3～4 mm 厚水泥胶(水泥∶白乳胶∶水＝1∶0.1∶0.2)粘贴缸砖，用素水泥浆擦缝。

地砖有釉面地砖、无光釉面砖、无釉防滑地砖及抛光地砖等。地砖的各项性能都优于缸砖，且色彩图案丰富，装饰效果好，造价也较高，越来越多地用于办公室、商店、旅馆和住宅中。

陶瓷锦砖是以优质瓷土烧制而成的小尺寸瓷片，在出厂前已组成各种图案贴在牛皮纸上，故又称纸皮砖。其质地坚硬，经久耐用，色泽多样，耐磨、防水、耐腐蚀、易清洁，适用于有水、有腐蚀的地面。陶瓷锦砖块小缝多，主要用于防滑要求较高的卫生间、浴室等房间。其做法同缸砖，后用滚筒压平，使水泥胶挤入缝隙，用水洗去牛皮纸，用白水泥浆擦缝。

（3）天然石板地面。常用的天然石板有大理石和花岗石板，由于它们质地坚硬，色泽丰富艳丽，属高档地面装饰材料，一般多用于高级宾馆、会堂、公共建筑的大厅、门厅等处。

天然石板地面构造做法是在基层上刷素水泥浆一道，30 mm 厚 1∶3 干硬性水泥砂浆找平，面上撒 2 mm 厚素水泥，并洒适量清水，粘贴大理石板，素水泥浆擦缝。

3. 塑料地面

塑料地面包括一切由有机物质为主要原料所制成的地面覆盖材料，其构造如图 5-14 所示。塑料地面的优点是装饰效果好、色彩鲜艳，施工简单，维修保养方便，有一定弹性、脚感好，噪声小；缺点是易老化，耐久性差，耐磨性差，易产生凹陷和划痕。常用塑料地面有聚氯乙烯类塑料地面和涂料类地面等。

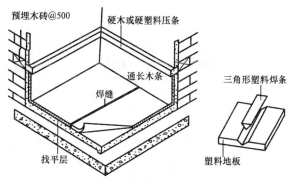

图 5-14　塑料地面构造

（1）聚氯乙烯类塑料地面。聚氯乙烯类塑料地面是以聚氯乙烯类树脂为主要胶结材料，配以增塑剂、填充料、稳定剂、润滑剂和颜料，经高速混合、塑化、辊压或层压成型而成。

下面介绍两种常用的聚氯乙烯地面，即聚氯乙烯地砖和软质及半硬质塑料地面。

1）聚氯乙烯地砖。聚氯乙烯地砖一般含有 20%～40% 的聚氯乙烯树脂及其共聚物、60%～80% 的填料和添加剂。聚氯乙烯地砖质地较硬，常做成块状，规格常为边长为 300 mm 的正方形，厚 1.5～3 mm，还有三角形、长方形等形状。

施工方法是在清理基层后，根据房间大小设计图案排料编号，在基层上弹线定位，由中心向四周铺贴。

2）软质及半硬质塑料地面。软质塑料地面由于增塑剂较多而填料少，因此比较柔软，有一定弹性，耐凹陷性能好，但不耐热，稳定性差，这种地面规格为：宽 800～1 240 mm，长 12～20 mm，厚 1～6 mm。此类地面主要用于医院、住宅等。

施工方法是在清理基层后按设计弹线，在塑料板底满涂氯丁橡胶胶粘剂 1～2 遍，然后铺贴。地面的拼接方法是将板缝先切割成 V 形，然后用三角形塑料焊条、电热焊枪焊接，并均匀加热。

半硬质塑料地面的规格为 100 mm×100 mm～700 mm×700 mm，厚 1.5～1.7 mm，胶粘剂与软质地面相同。施工时，先将胶粘剂均匀地涂在地面上，几分钟后，将塑料地板按设计图案贴在地面上，并用抹布擦去缝中多余的胶粘剂。尺寸较大者如 700 mm×700 mm，可不用胶粘剂，平铺后即可使用。

（2）涂料类地面。涂料类地面是为了改善水泥地面或混凝土地面在性能上的不足（如易开裂、易起尘和不美观），对地面进行表面处理的一种做法。

涂料类地面主要是由合成树脂代替水泥或部分代替水泥，再加入填料、颜料等搅拌、混合而成的材料，在现场施工，硬化后形成的整体地面。其优点是耐磨性好、耐腐蚀、防水防潮、整体性好、易清洁、不起灰，弥补了水泥砂浆和混凝土地面的缺陷，同时价格低廉，易于推广。

4. 木地面

木地面的主要特点是有弹性、不起火、不返潮、导热系数小，常用于住宅、宾馆、体育馆、剧院舞台等建筑中。实铺式木地板构造如图 5-15 所示。

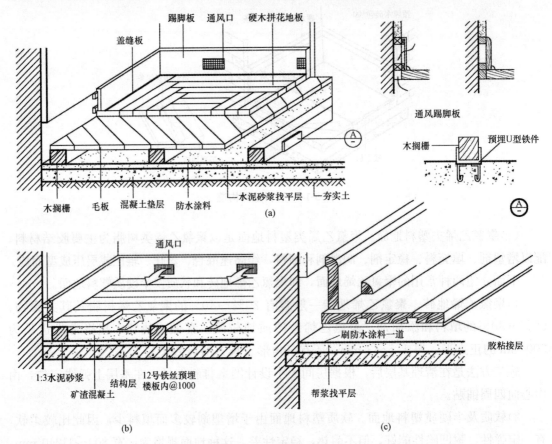

图 5-15　实铺式木地板

（a）双层木地板；（b）单层木地板；（c）粘贴木地板

木地面按材质可分为普通木地板、硬木地板和复合地板等。普通木地板是采用不易腐蚀、不易变形和开裂的软木树种（如红松、云杉等）加工制成的长条形板。其优点是弹性好、导热系数小、干燥并便于清洁。硬木地面又称拼花地板，一般采用质地优良的硬杂木，如水曲柳、核桃木、柞木、榆木等，这种地板坚固耐磨、花纹美丽，是一种中高档的地面装修。

普通木地板为长条形状，宽度为 60 mm、90 mm、120 mm，厚度为 20～30 mm，长度为 600～1 200 mm 不等，地板的拼缝采用企口。硬木地板由于材质坚硬，取材困难，尺寸较小，可拼装成各种花色图案。复合地板可现场拼装或预制成300 mm×300 mm或400 mm×400 mm的正方形板块。

木地板按构造方式有架空、实铺和粘贴三种。架空式木地板常用于底层地面,主要用于舞台、运动场等有弹性要求的地面。实铺木地面是将木地板直接钉在钢筋混凝土基层上的木搁栅上。木搁栅为50 mm×60 mm方木,中距400 mm,40 mm×50 mm横撑,中距1 000 mm与木搁栅钉牢。为了防腐,可在基层上刷冷底子油和热沥青,搁栅及地板背面满涂防腐油或煤焦油。粘贴木地面的做法是先在钢筋混凝土基层上采用沥青砂浆找平,然后刷冷底子油一道,热沥青一道,用2 mm厚沥青胶环氧树脂乳胶等随涂随铺贴20 mm厚硬木长条地板。

第五节　阳台、雨篷

一、阳台

阳台是多、高层建筑中连接室内外空间的平台,为人们提供户外活动的空间,是多、高层建筑中不可缺少的一部分。

1. 阳台的类型和设计要求

(1)类型。阳台按其与外墙面的关系可分为挑凸阳台、凹阳台、半凸半凹阳台,如图5-16所示;按其在建筑中所处的位置可分为中间阳台和转角阳台;按使用功能不同又可分为生活阳台(靠近卧室或客厅)和服务阳台(靠近厨房)。

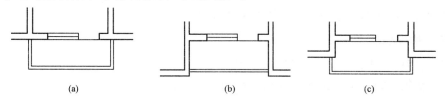

(a)　　　　　　　　　　　(b)　　　　　　　　　　　(c)

图5-16　阳台类型
(a)挑(凸)阳台;(b)凹阳台;(c)半凸半凹阳台

(2)设计要求。

1)安全适用:悬挑阳台的挑出长度不宜过大,应保证在荷载作用下不发生倾覆现象,以1.0~1.8 m为宜。低层、多层住宅阳台栏杆净高不低于1.05 m,中高层住宅阳台栏杆净高不低于1.1 m且不高于1.2 m。阳台栏杆应防坠落,垂直栏杆间净距不应大于110 mm,防止攀爬,但不设水平栏杆,以免造成恶性后果。放置花盆处也应采取防坠落措施。

2)坚固耐久:阳台位于室外,所用材料和构造措施应经久耐用,承重结构宜采用钢筋混凝土,金属构件应做防锈处理,表面装修应注意色彩的耐久性和抗污染性。

3)排水顺畅:为防止阳台上的雨水流入室内,设计时要求将阳台地面标高低于室内地面标高30~50 mm,并将地面抹出1%的排水坡将水导入排水孔,使雨水能顺利排出。

另外,还应考虑地区气候特点。南方地区宜采用有助于空气流通的空透式栏杆,而北方寒冷地区和中高层住宅应采用实体栏杆，并满足立面美观的要求。

2. 阳台的布置方式

阳台的布置方式，如图 5-17 所示。

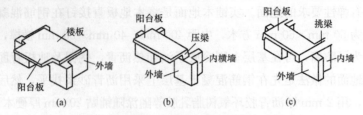

图 5-17　阳台的布置方式
(a)挑板式；(b)压梁式；(c)挑梁式

(1)挑板式。当楼板为现浇楼板时，可选择挑板式，悬挑长度一般为 1.2 m 左右。即从楼板外延挑出平板，板底平整美观而且阳台平面形式可做成半圆形、弧形、梯形、斜三角等各种形状。挑板厚度不小于挑出长度的 1/12。悬挑阳台板的悬挑方式包括楼板悬挑阳台板和墙梁悬挑阳台板。

(2)压梁式。阳台板与墙梁现浇在一起，墙梁的截面应比圈梁大，以保证阳台的稳定，而且阳台悬挑不宜过长，一般为 1.2 m 左右，并在墙梁两端设拖梁压入墙内。

(3)挑梁式。从横墙内外伸挑梁，其上搁置预制楼板，这种结构布置简单、施工方便、传力直接明确、阳台长度与房间开间一致。挑梁根部截面高度为悬挑净长的 1/6～1/5，截面宽度为梁高的 1/3～1/2。为美观起见，可在挑梁端头设置面梁，既可以遮挡挑梁头，又可以承受阳台栏杆重量，还可以加强阳台的整体性。

3. 阳台构件的形式

(1)阳台栏杆。阳台栏杆是在阳台板外围设置的垂直围护构件，应有足够的强度、刚度和稳定性。阳台栏杆主要承担人们扶倚的侧向推力，还对整个建筑物起装饰美化作用。栏杆的形式有实体、空花和混合式等，材料可用砖、钢筋混凝土板、金属和钢化玻璃等。栏杆形式如图 5-18 所示。

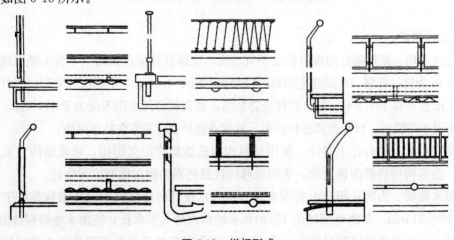

图 5-18　栏杆形式

实体栏杆又称栏板，可采用钢筋混凝土现浇而成，或用砖、加气混凝土块砌筑而成，砖砌栏板厚度一般为 120 mm。

钢筋混凝土栏板为现浇和预制两种。现浇栏板通常与阳台板或边梁、挑梁整浇在一起。

金属栏杆一般采用方钢、圆钢、扁钢和钢管等焊接成各种形式的镂花栏杆，须做防锈处理。金属栏杆与边梁上的预埋钢板焊接。

玻璃栏板一般采用 10 mm 厚钢化玻璃，上下与不锈钢管扶手和面梁用密封胶固结。

(2)栏杆扶手。栏杆扶手有金属和钢筋混凝土两种。金属扶手一般为钢管与金属栏杆焊接；钢筋混凝土扶手用途广泛，形式多样，有不带花台、带花台、带花池等。

4. 阳台的细部构造

阳台的细部构造主要包括栏杆与扶手的连接、栏杆与面梁的连接、栏杆与墙体的连接等。

(1)栏杆与扶手的连接。栏杆与扶手的连接方式通常有焊接、胶结玻璃、整体现浇等多种。预制钢筋混凝土扶手和栏杆上预埋钢板安装时焊接在一起；金属扶手与金属立杆直接焊接，焊缝高度不小于 6 mm，打磨毛刺，钢管锈漆和聚氨酯罩面漆；钢筋混凝土压顶或花台内的钢筋与金属立杆上方的扁钢焊接，然后用水泥砂浆粉刷；砖砌栏板或加气混凝土栏板上方直接现浇钢筋混凝土压顶；钢筋混凝土栏板与扶手直接现浇，如图 5-19 所示。

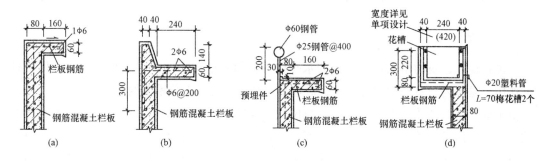

图 5-19　栏杆与扶手的连接

(a)现浇压顶；(b)现浇花台；

(c)花台栏杆；(d)现浇花槽

(2)栏杆与面梁或阳台板的连接。栏杆与面梁或阳台板的连接方式有焊接、预留钢筋二次现浇、整体现浇等。当阳台板为现浇板时，必需在板边现浇 100 mm 高混凝土挡水带，以防积水顺板流，污染表面。金属栏杆可直接与面梁上预埋钢板焊接；现浇钢筋混凝土栏板可直接从阳台板或面梁内伸出锚固筋；砖砌栏板可直接砌筑在面梁上，如图 5-20 所示。

(3)扶手与墙的连接。应将扶手或扶手中的钢筋伸入外墙的预留洞中，用细石混凝土或水泥砂笔填实固牢；现浇钢筋混凝土栏杆与墙连接时，应在墙体内预埋 C20 细石混凝土块，从中留出两根 ϕ6，长 300 mm 的钢筋，与扶手中的钢筋绑扎后再进行现浇。

(4)阳台隔板。阳台隔板用于连接双阳台，有砖砌和钢筋混凝土隔板两种。砖砌隔板一

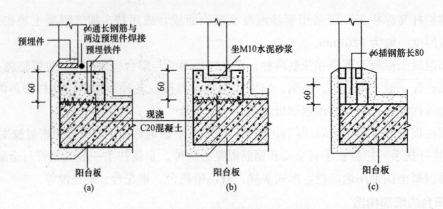

图 5-20　栏杆与面梁或阳台板的连接

(a)预埋铁件焊接；(b)榫接注浆；(c)插筋连接

一般采用 60 mm 和 120 mm 厚两种。由于砖砌隔板荷载较大且整体性较差，所以现多采用钢筋混凝土隔板。隔板采用 C20 细石混凝土预制 60 mm 厚，下部预埋铁件与阳台预埋铁件焊接，其余各边伸出 φ6 钢筋与墙体、挑梁和阳台栏杆、扶手相连。

(5)阳台排水。阳台排水有外排水和内排水两种。外排水适用于低层和多层建筑，即在阳台外侧设置泄水管将水排出；内排水适用于高层建筑和高标准建筑，即在阳台内侧设置排水立管和地漏，将雨水直接排入地下管网，保证建筑立面美观。

二、雨篷

雨篷是设在建筑物出入口处上部的水平构件，起着遮挡雨水、供人短暂停留、保护外门的作用，是室内与室外的过渡空间，对丰富建筑形态有着十分重要的意义。

由于受房屋的性质、出入口的大小与位置、地区气候特点和立面造型的要求等因素的影响，雨篷的形式多种多样，多为钢筋混凝土悬挑构造。其中挑出尺寸较小的、最简单的是挑板式，由雨篷梁悬挑雨篷板，雨篷梁兼作过梁，且悬挑板顶面比过梁顶面低，以防止雨水侵入墙体。挑出长度一般不超过 1.5 m。当雨篷挑出尺寸较大时，一般做成挑梁式。为保证雨篷板底面平整，可将挑梁上翻，如图 5-21 所示。

雨篷在构造上要注意解决排水问题。板面需用防水砂浆抹面做防水处理，向排水口做出 1‰ 的坡度，并在两端顺墙上卷 300 mm 做泛水处理。雨篷在构造上还要注意解决抗倾覆问题。

根据雨篷板的支撑方式不同，雨篷有悬板式和梁板式两种。

1. 悬板式

悬板式雨篷外挑长度一般为 0.9～1.5 m，板根部厚度不小于挑出长度的 1/12，雨篷宽度比门洞每边宽 250 mm，雨篷排水方式可采用无组织排水和有组织排水两种。雨篷顶面距过梁顶面 250 mm 高，板底抹灰可抹 1∶2 水泥砂浆内掺 5％ 防水剂的防水砂浆，15 mm 厚。雨篷与墙体相接处应抹防水砂浆，泛水高不少于 250 mm，且不少于雨篷翻边，如图 5-21(a)所示。

2. 梁板式

梁板式雨篷多用在宽度较大的入口处，悬挑梁从建筑物的柱上挑出，为使板底平整，多做成倒梁式，如图 5-21(b)所示。

近年来，由金属与玻璃材料构成的雨篷因其轻巧美观，在公共建筑中的应用越来越多。

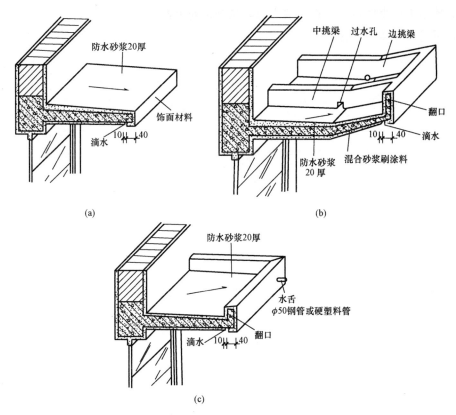

图 5-21 雨篷构造

(a)自由落水雨篷；(b)折挑倒梁有组织排水雨篷；

(c)有翻口组织排水雨篷

📁 ➤ 复习思考题

1. 楼板层的基本组成、类型及设计要求有哪些？
2. 楼板隔绝固体传声的方法有哪些？请绘图说明。
3. 现浇钢筋混凝土楼板有何优缺点？有哪几种类型？分别适用什么范围？
4. 梁板式楼板有几种类型？尺寸如何确定？分别适用什么范围？
5. 简述预制装配式钢筋混凝土楼板的类型及其各自的特点。
6. 简述密肋楼板和叠合式楼板的特点及适用范围。

7. 楼地面的组成及各自的作用是什么？

8. 简述水泥砂浆地面、细石混凝土地面、水泥石屑地面及水磨石地面的组成、优缺点及适用范围。

9. 简述常用的块材地面的种类、优缺点及适用范围。

10. 简述塑料地面的优缺点及主要类型。

11. 挑梁阳台板的梁头外露影响立面，应如何处理？

12. 雨篷的种类有哪些？

第六章 门和窗

本章重点

门和窗的分类及特点；门和窗的构造；遮阳板的固定形式。

学习目标

熟悉门和窗的类型、特点和构造，特别是木门、铝合金门、铝合金窗、塑钢窗等与实际联系紧密的门窗；掌握门和窗的自身构造及与墙体的连接。

第一节 门和窗概述

门和窗是房屋建筑的围护构件，对保证建筑物的安全、坚固、舒适起着很大的作用，门的作用是供交通出入及分隔、联系建筑空间，有时也起通风和采光作用。窗的作用是采光、通风、观察和递物。另外，门窗对建筑物的外观及室内装修造型影响也很大。因此，对门窗的要求是坚固耐久、开启方便、便于维修，同时，要求门窗保温、隔热、防火和防水。

一、门的分类与特点

(1)按门的构造材料可分为木门、铝合金门、塑钢门、彩板门、玻璃钢门、钢门等。木门自重轻、开启方便、易加工，所以在民用建筑中应用广泛。

(2)按门在建筑物中所处的位置可分为内门和外门。内门位于内墙上，起分隔作用，如隔声、阻挡视线等；外门位于外墙上，起围护的作用。

(3)按门的使用功能可分为一般门和特殊门。一般门是满足人们最基本要求的门；特殊门除满足人们基本要求外，还必须有特殊功能，如保温、隔声、防火、防护等。

(4)按门的构造形式可分为镶板门、拼板门、夹板门、百叶门等。

(5)按门扇的开启方式可分为平开门、推拉门、弹簧门、折叠门、转门、卷帘门等(图 6-1)。

1)平开门：门扇与门框用铰链连接，门扇水平开启，有单扇、双扇及向内开、向外开之分。平开门构造简单，开启灵活，安装维修方便。

2)推拉门：门扇沿着轨道左右滑行来启闭，有单扇和双扇之分，开启后，门扇可隐藏在墙体的夹层中或贴在墙面上。推拉门开启时不占空间，受力合理，不易变形，但构造较复杂。

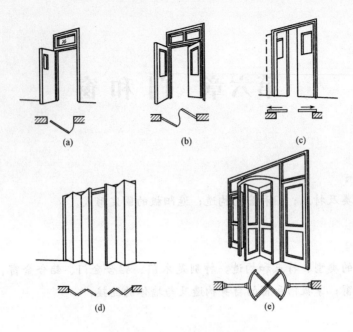

图 6-1　门的开启方式

(a)、(b)平开门；(c)推拉门；

(d)折叠门；(e)旋转门

3)弹簧门：门扇与门框用弹簧铰链连接，门扇水平开启，可分为单向弹簧门和双向弹簧门，其最大优点是门扇能够自动关闭。

4)折叠门：门扇由一组宽度约为 600 mm 的窄门扇组成，窄门扇之间采用铰链连接。开启时，窄门窗相互折叠推移到侧边，占用空间少，但构造复杂。

5)卷帘门：门扇由金属页片相互连接而成，在门洞的上方设转轴，通过转轴的转动来控制页片的启闭。卷帘门特点是开启时不占使用空间，但加工制作复杂，造价较高。

6)旋转门：门扇由三扇或四扇通过中间的竖轴组合起来，在两侧的弧形门套内水平旋转来实现启闭。旋转门有利于室内的隔视线、保温、隔热和防风沙，并且对建筑立面有较强的装饰性。

二、窗的分类与特点

(1)按窗的构造材料可分为铝合金窗、塑钢窗、彩板窗、木窗、钢窗等。铝合金窗和塑钢窗材质好、坚固耐久、密封性好，在建筑工程中应用广泛，而木窗由于耐久性差、易变形、不利于节能，国家已限制使用。

(2)按窗的层数可分为单层窗和双层窗。单层窗构造简单、造价低，适用于一般建筑；双层窗保温隔热效果好，适用于对建筑要求高的建筑。

(3)按窗扇的开启方式可分为固定窗、平开窗、悬窗、立转窗、推拉窗、百叶窗等（图6-2）。

1)固定窗：将玻璃直接镶嵌在窗框上，不设可活动的窗扇。一般用于只要求有采光、

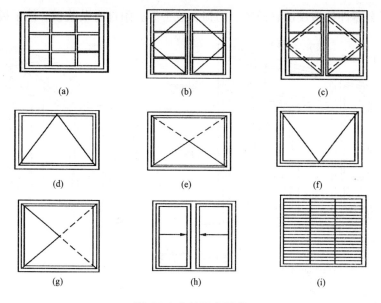

图 6-2　窗的开启形式

(a)固定窗；(b)平开窗(单层外开)；(c)平开窗(双层内外开)；(d)上悬窗；

(e)中悬窗；(f)下悬窗；(g)立转窗；(h)推拉窗；(i)百叶窗

眺望功能的窗，如走道的采光窗和一般窗的固定部分。

2)平开窗：窗扇一侧用铰链与窗框相连，窗扇可向外或向内水平开启。平开窗构造简单，开关灵活，制作与维修方便，在一般建筑中采用较多。

3)悬窗：窗扇绕水平轴转动的窗。按照旋转轴的位置可分为上悬窗、中悬窗和下悬窗，上悬窗和中悬窗的防雨、通风效果好，常用作门上的亮子和不方便手动开启的高侧窗。

4)立转窗：窗扇绕垂直中轴转动的窗。这种窗通风效果好，但不严密，不宜用于寒冷和多风沙的地区。

5)推拉窗：窗扇沿着导轨或滑槽推拉开启的窗，有水平推拉窗和垂直推拉窗两种。推拉窗开启后不占室内空间，窗扇的受力状态好，适宜安装大玻璃，但通风面积受限制。

6)百叶窗：窗扇一般用塑料、金属或木材等制成小板材，与两侧框料相连接，有固定式和活动式两种。百叶窗的采光效率低，主要用作遮阳、防雨及通风。

第二节　门的构造

一、门的组成与尺度

1. 门的组成

门一般由门框、门扇、五金零件及附件组成(图 6-3)。门框是门与墙体的连接部分，由上框、边框、中横框和中竖框组成。门扇一般由上、中、下冒头和边梃组成骨架，中间固定门芯板。五金零件包括铰链、插销、门锁、拉手等。附件有贴脸板、筒子板等。

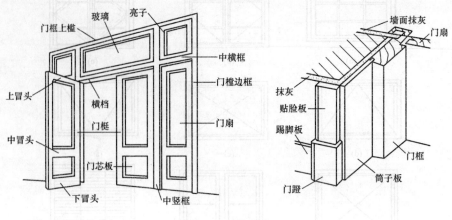

图 6-3 门的组成

2. 门的尺度

门的尺度指门洞的高宽尺寸，应满足人流疏散，搬运家具、设备的要求，并应符合《建筑模数协调标准》(GB/T 50002—2013)的规定。一般情况下，公共建筑的单扇门宽度为 950～1 000 mm，双扇门宽度为 1 500～1 800 mm，高度为 2.1～2.3 m；居住建筑的门可略小些，外门为 900～1 000 mm 宽，房间门 900 mm 宽，厨房门 800 mm 宽，厕所门 700 mm 宽，高度统一为 2.1 m。供人日常生活活动进出的门，门扇高度通常在 1 900～2 100 mm 左右，单扇门宽度为 800～1 000 mm，辅助房间如浴厕、贮藏室的门宽度为 600～800 mm，腰头窗高度一般为 300～900 mm。工业建筑的门可按需要适当提高。

二、木门的构造

木门主要由门框、门扇、腰头窗、贴脸板(门线)、筒子板(垛头板)和配套五金件等部分组成。

1. 门框

门框的断面形状与尺寸取决于门扇的开启方式和门扇的层数，由于门框要承受各种撞击荷载和门扇的重量作用，应有足够的强度和刚度，故其断面尺寸较大(图 6-4)。

门框用料一般分为四级，净料宽为 135、115、95、80(mm)四种，厚度分别为 52、67(mm)两种。框料厚薄与木材优劣有关，一般采用松和杉；大门可为(60～70)mm×(140～150)mm(毛料)，内门可为(50～70)mm×(100～120)mm，有纱门时用料宽度不宜小于 150 mm。

门框在洞口中的位置，如图 6-5 所示。

2. 门扇

木门门扇的做法很多，常见的有镶板门、夹板门、拼板门、玻璃门和弹簧门等。

(1)镶板门：由上、中、下冒头和边梃组成骨架，中间镶嵌门芯板，门芯板可采用 15 mm 厚的木板拼接而成，也可采用胶合板、硬质纤维或玻璃等(图 6-6)。

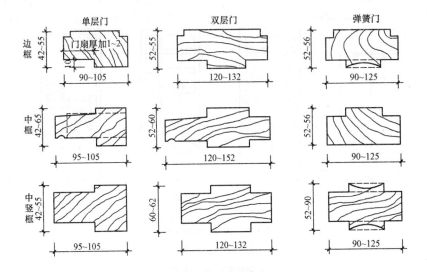

图 6-4　平开木门门框的断面形状与尺寸

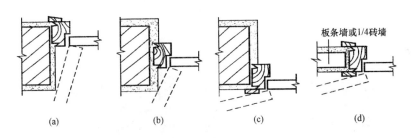

(a)　　　　　　(b)　　　　　　(c)　　　　　　(d)

图 6-5　门框在洞口中的位置

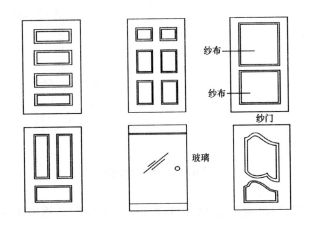

图 6-6　镶板门的构造

(2)夹板门：用小截面的木条(35 mm×50 mm)组成骨架，在骨架的两面铺钉胶合板或纤维板等(图 6-7)。

(3)拼板门：拼板门构造与镶板门相同，由骨架和拼板组成，只是拼板门的拼板用 35～45 mm 厚的木板拼接而成，因而自重较大，但坚固耐久，多用于库房、车间的外门(图 6-8)。

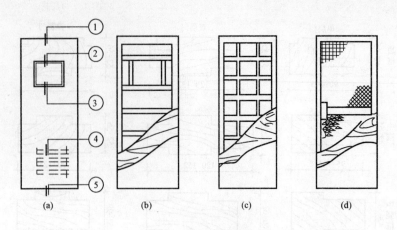

图 6-7　夹板门的构造

(a)门窗外观；(b)水平骨架；

(c)双向骨架；(d)格状骨架

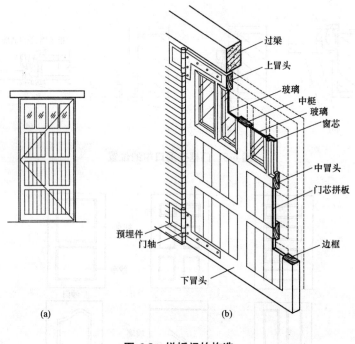

图 6-8　拼板门的构造

(4)玻璃门：玻璃门门扇构造与镶板门基本相同，只是门芯板用玻璃代替，用在要求采光与透明的出入口处，如图 6-9 所示。

(5)弹簧门：单面弹簧门多为单扇，常用于需有温度调节及气味要遮挡的房间，如厨房、厕所等；双面弹簧门适用于公共建筑的过厅、走廊及人流较多的房间。弹簧门须用硬木，门扇厚度为 42～50 mm，上冒头及边框宽度为 100～120 mm，下冒头宽为 200～300 mm（图 6-10）。

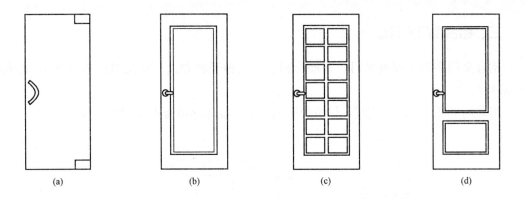

图 6-9 玻璃门的构造

(a)钢化玻璃一整片的门；

(b)四方框里放入压条，固定住板玻璃的门；

(c)装饰方格中放入玻璃的门；

(d)腰部下镶板上面装玻璃的门

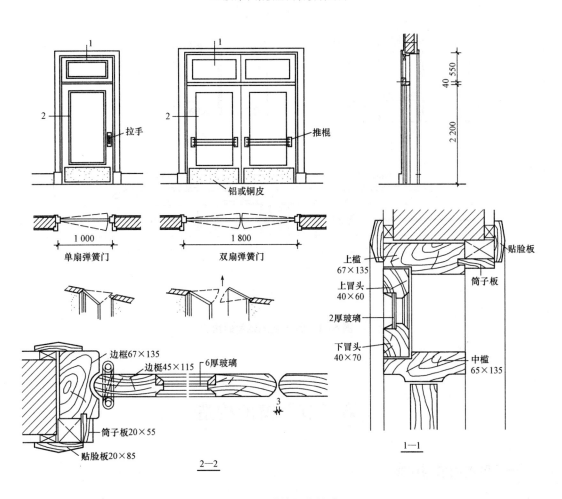

图 6-10 弹簧门的构造

三、铝合金门的构造

铝合金门多为半截玻璃门，有推拉和平开两种开启方式。推拉铝合金门有 70 系列和 90 系列两种。

当采用平开的开启方式时，门扇边梃的上下端要用地弹簧连接(图 6-11)。

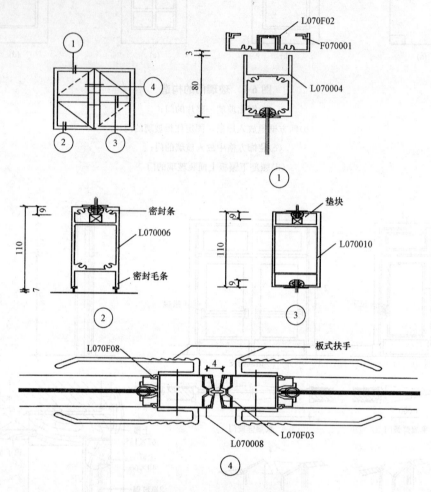

图 6-11 铝合金地弹簧的构造

第三节　窗的构造

一、窗的组成与尺度

1. 窗的组成

窗主要由窗框和窗扇组成(图 6-12)。窗扇有玻璃窗扇、纱窗扇、板窗扇、百叶窗扇等。

还有各种铰链、风钩、插销、拉手以及导轨、转轴、滑轮等五金零件，有时要加设窗台、贴脸、窗帘盒等。

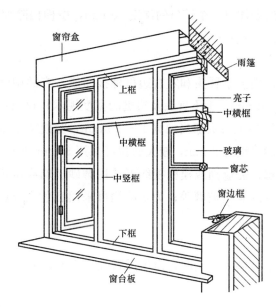

图 6-12　窗的组成

（1）窗框。

1）窗框由上槛、中槛、下槛、边框用合角全榫拼接成框。窗框的安装方法有立口和塞口两种：

①立口：施工时先将窗樘好后砌窗间墙。上下档各伸出约半砖长的木段（羊角或走头），在边框外侧每 500～700 mm 设一木拉砖（木鞠）或铁脚砌入墙身。该安装方法特点是窗框与墙的连接紧密，但施工不便，窗樘及其临时支撑易被碰撞，较少采用。

②塞口：在砌墙时先留出窗洞，以后再安装窗框。为了加强窗樘与墙的联系，窗洞两侧每隔 500～700 mm 砌入一块半砖大小的防腐木砖（窗洞每侧应不少于两块），安装窗樘时用长钉或螺钉将窗樘钉在木砖上，也可在樘子上钉铁脚，再用膨胀螺丝钉在墙上或用膨胀螺丝直接把樘子钉于墙上。

2）窗框与墙安装时应注意：

①塞樘子的窗樘每边应比窗洞小 10～20 mm；

②为了抵御风雨，外侧须用砂浆嵌缝，也可加钉压缝条或油膏嵌缝，寒冷地区应用纤维或毡类（如毛毡、矿棉、麻丝或泡沫塑料绳等）垫塞；

③靠墙一面易受潮变形，常在窗樘外侧开槽，并做防腐处理。

3）窗框与窗扇安装时应注意：

①一般窗扇都用铰链、转轴或滑轨固定在窗樘上。通常在窗框上做铲口，深为 10～12 mm，也有钉小木条形成铲口。为提高防风雨能力，可适当提高铲口深度（约 15 mm）或钉密封条，或在窗框留槽，形成空腔的回风槽。

②外开窗的上口和内开窗的下口，一般须做拔水板及滴水槽以防止雨水内渗，同时，

在窗框内槽及窗盘处做积水槽及排水孔将渗入的雨水排除。

4)窗框断面形状与尺寸。一般尺度的单层窗樘的厚度常为40～50 mm，宽度为70～95 mm，中竖梃双面窗扇需加厚一个铲口的深度10 mm，中横档除加厚10 mm外，若要加披水，一般还要加宽20 mm左右。

（2）窗扇。

1)平开玻璃窗。一般由上下冒头和左右边梃榫接而成，有的中间还设窗棂。窗扇厚度为35～42 mm，一般为40 mm。上下冒头及边梃的宽度视木料材质和窗扇大小而定，一般为50～60 mm，下冒头可较上冒头适当加宽10～25 mm，窗棂宽度为27～40 mm。

平开玻璃窗常用玻璃厚度为3 mm，较大面积可采用5 mm或6 mm。为了隔声保温等需要可采用双层中空玻璃；需遮挡或模糊视线可选用磨砂玻璃或压花玻璃；为了安全可采用夹丝玻璃、钢化玻璃以及有机玻璃等；为了防晒可采用有色、吸热和涂层、变色等种类的玻璃。

2)双层窗。

①子母窗扇：由两个玻璃大小相同，窗扇用料大小不同的两窗扇合并而成，用一个窗框，一般为内开。

②内外开窗：在一个窗框上内外开双铲口，一扇向内，另一扇向外，必要时内层窗扇在夏季还可取下或换成纱窗。

③大小扇双层内开窗：可分开窗框，也可用同一窗樘。但占用室内空间。

2. 窗的尺度

窗的尺度一般根据采光通风要求、结构构造要求和建筑造型等因素决定，同时应符合模数制要求。

一般平开窗的窗扇宽度为400～600 mm，高度为800～1 500 mm，亮子高300～600 mm，固定窗和推拉窗尺寸可大些。

二、铝合金窗的构造

铝合金窗多采用水平推拉式的开启方式，窗扇在窗框的轨道上滑动开启。窗扇与窗框之间用尼龙密封条进行密封，以避免金属材料之间相互摩擦。玻璃卡在铝合金窗框料的凹槽内，并用橡胶压条固定(图6-13)。

铝合金窗一般采用塞口的方法安装，固定时，窗框与墙体之间采用预埋铁件、燕尾铁脚、膨胀螺栓、射钉固定等方式连接(图6-14)。

三、塑钢窗的构造

塑钢窗是以PVC为主要原料制成空腹多腔异型材，中间设置薄壁加强型钢，经加热焊接而成的一种新型窗，它具有导热系数低、耐弱酸碱、无须油漆并具有良好的气密性、水密性、隔声性等优点(图6-15)。

塑钢窗的开启方式及安装构造与铝合金窗基本相同。

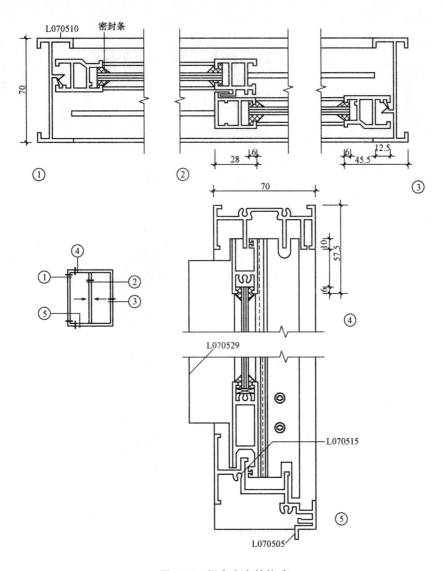

图 6-13　铝合金窗的构造

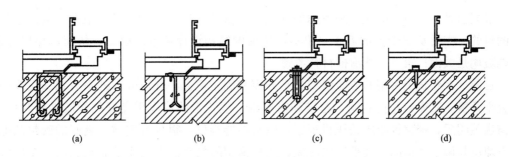

图 6-14　铝合金窗框与墙体的固定方式

(a)预埋铁件；(b)燕尾铁脚；

(c)金属膨胀螺栓；(d)射钉

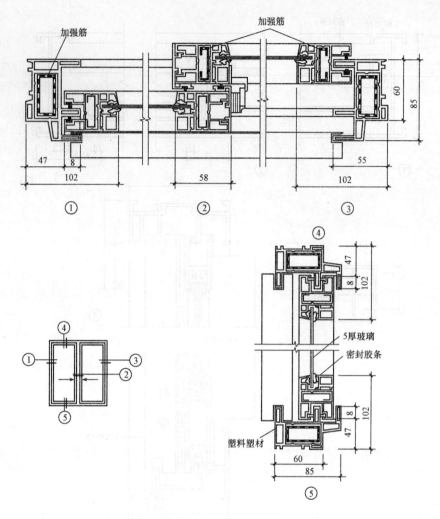

图 6-15 塑钢窗的构造

四、节能窗的构造

节能窗是从热力学的观点来考虑如何减少热量的流失，减少能量的浪费，从而达到节能的目的。主要从三个方面着手：第一，从窗的结构设计考虑；第二，从窗体材料考虑，节能玻璃是关键；第三，从窗框材料考虑。

目前，在建筑中常用的节能窗型为平开窗和固定窗。平开窗分内外平开窗、正规的铝合金平开窗。其窗扇和窗扇间、窗扇和窗扇框一般正常的均应用良好的橡胶做密封压条。在窗扇关闭后，密封橡胶压条压得很紧，密封性能很好，很少有空隙，良好的密封条即便有空隙也是微乎其微的，很难形成对流，这种窗型的热量流失主要是玻璃和窗框窗扇型材的热传导和辐射，如果能很好地解决上述玻璃和型材的热传导，平开窗的节能性能会得到有力的保证。从结构上讲，平开窗在节能方面有明显的优势，平开窗可称为真正的节能窗型固定窗，窗框嵌在墙体内，玻璃直接安在窗框上，玻璃和窗框的接缝以前用胶条，因胶条受冷热变化极易脱落，现在已改用密封胶，把玻璃和窗框接触的四边密封。如密封胶密封严密，均有良好的水密性和气密性，空气很难通过密封胶形成对流，因此对流热损失极少，玻璃和窗框的热传导是主要损失的源泉。对大面积玻璃和少量窗框型材，在材料形式上采取有效措施，可以大大提高节能效果。从结构上讲，固定窗是节能效果最理想的窗型。固定窗的缺点是无法通风通气，所以又在固定上开装小型上翻下翻窗，或在大的固定窗的一侧安装一个小的开平窗，专门作为定时通风通气使用。

第四节　遮阳板的构造

一、遮阳的作用

遮阳是为了防止阳光直接射入室内，避免夏季室内温度过高和产生眩光而采取的构造措施。建筑遮阳措施有三种：一是绿化遮阳；二是调整建筑物的构配件；三是在窗洞口周围设置专门的遮阳设施来遮阳。遮阳设施有活动遮阳和固定遮阳板两种类型，如图 6-16 所示。

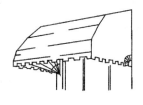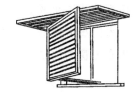

图 6-16　遮阳的形式

二、固定遮阳板的形式

固定遮阳板的基本形式有水平式、垂直式、综合式和挡板式(图 6-17)。

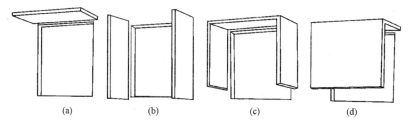

(a)　　　　　　(b)　　　　　　(c)　　　　　　(d)

图 6-17　固定遮阳板的基本形式

(a)水平式；(b)垂直式；(c)综合式；(d)挡板式

(1)水平式遮阳板，主要遮挡太阳高度角较大时从窗口上方照射下来的阳光，主要适用于朝南的窗洞口。

(2)垂直式遮阳板，主要遮挡太阳高度角较小时从窗口侧面射来的阳光，主要适用于南偏东、南偏西及其附近朝向的窗洞口。

(3)综合式遮阳板，它是水平式和垂直式遮阳板的综合，能遮挡从窗口两侧及前上方射来的阳光。遮阳效果比较均匀，主要适用于南、东南、西南及其附近朝向的窗洞口。

(4)挡板式遮阳板，主要遮挡太阳高度角较小时从窗口正面射来的阳光，主要适用于东、西及其附近朝向的窗洞口。

在实际工程中，遮阳可由基本形式演变出造型丰富的其他形式。如为避免单层水平式遮阳板的出挑尺寸过大，可将水平式遮阳板重复设置成双层或多层；当窗间墙较窄时，将综合式遮阳板连续设置；挡板式遮阳板结合建筑立面处理，或连续或间断。同时，遮阳的形式要与建筑立面相符合。

▷复习思考题

一、名词解释

(1)平开门　(2)立口　(3)塑钢窗

二、简答题

1. 门窗按开启方式分为哪些类型？各有何特点？

2. 简述门窗的构造组成。

3. 常用的木门扇有哪些？各有何特点？

4. 简述铝合金窗的构造。

第七章 楼梯

本章重点

楼梯的组成和设计要求；钢筋混凝土楼梯的构造；楼梯的细部构造。

学习目标

了解楼梯的组成和分类，掌握楼梯的设计要求和室外台阶、坡道设置。熟悉钢筋混凝土楼梯构造。掌握楼梯的细部构造要求。了解电梯与自动扶梯的构成。

楼梯示意图如图 7-1 所示。

图 7-1　楼梯示意图

第一节　楼梯概述

一、楼梯的组成

楼梯由楼梯段、楼梯平台和栏杆扶手组成，如图 7-2 所示。

(1)楼梯段。楼梯段又称"梯跑"，是联系两个不同标高平台的倾斜构件，它由若干个踏步组成，踏步数一般最多不超过 18 级，也不宜少于 3 级。

(2)楼梯平台。楼梯平台是指连接两梯段之间的水平部分。按平台所处的位置与标高，与楼层标高相一致的平台称为楼层平台，介于两个楼层之间的平台，称为中间平台。

(3)栏杆扶手。栏杆扶手是布置在楼梯梯段和平台边缘处的安全围护构件，要求坚固可靠，并保证有足够的安全高度。

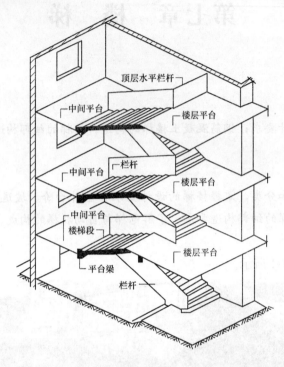

图 7-2　楼梯的组成

二、楼梯的分类

1. 楼梯分类方式

(1)按楼梯位置划分，可分为室内楼梯、室外楼梯。

(2)按使用性质划分，室内有主要楼梯、辅助楼梯；室外有安全楼梯、防火楼梯。

(3)按材料划分，可分为木质楼梯、钢筋混凝土楼梯、钢质楼梯、混合式楼梯、金属楼梯等。

(4)按楼梯平面形式划分(图 7-3)，可分为：

1)直行单跑楼梯：仅用于层高不大的，如图 7-3(a)所示

2)直行多跑楼梯：用于层高较大的建筑，如图 7-3(b)所示。

3)平行双跑楼梯：是最常用的楼梯形式之一，如图 7-3(c)所示。

4)平行双分、双合楼梯：常用作办公类建筑的主要楼梯，如图 7-3(d)所示。

5)折行多跑楼梯：折行双跑楼梯常用于仅上一层楼的影剧院、体育馆等建筑的门厅中；折行三跑楼梯常用于层高较大的公共建筑中，如图 7-3(e)所示。

6)剪刀楼梯：两个直行单跑楼梯交叉而成的剪刀楼梯，适合层高小的建筑；两个直行多跑楼梯适用于层高较大且有人流多向性选择要求的建筑，图 7-3(f)所示。

7)螺旋形楼梯：螺旋形楼梯通常是围绕一根单柱布置，平面呈圆形。这种楼梯不能作为主要人流交通和疏散楼梯，如图 7-3(g)所示。

8)弧形楼梯：具有明显的导向性和优美轻盈的造型。但其结构和施工难度较大，通常采用现浇钢筋混凝土结构，如图 7-3(h)所示。

图 7-3　楼梯分类

(a)直行单跑楼梯；(b)直行多跑楼梯；(c)平行双跑楼梯；(d)平行双分、双合楼梯；

(e)折行多跑楼梯；(f)剪刀式楼梯；(g)螺旋形楼梯；(h)弧形楼梯

2. 楼梯平面图

(1)直行单跑楼梯。直行单跑楼梯是指沿着一个方向上楼的楼梯，这种楼梯中间没有休息平台，主要用于层高不大的建筑中，如图7-4所示。

(2)直行多跑楼梯。直行多跑楼梯增加了中间休息平台，一般为双跑梯段，适合于层高较大的建筑。在公共建筑中常用于人流较多的大厅，如图7-5所示。

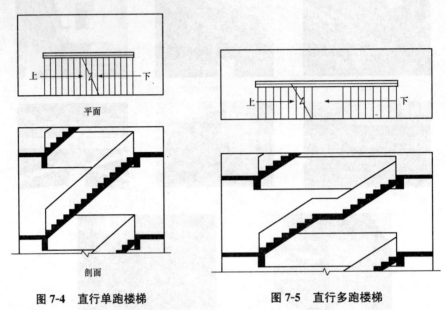

图7-4　直行单跑楼梯　　　　　　图7-5　直行多跑楼梯

(3)平行双跑楼梯。指第二跑楼梯段折回和第一跑平行的楼梯；这种楼梯所占的楼梯间长度较小，面积紧凑，使用方便，是建筑物中较多采用的一种形式，如图7-6所示。

(4)平行双分、双合楼梯。平行双分、双合楼梯，如图7-7所示。

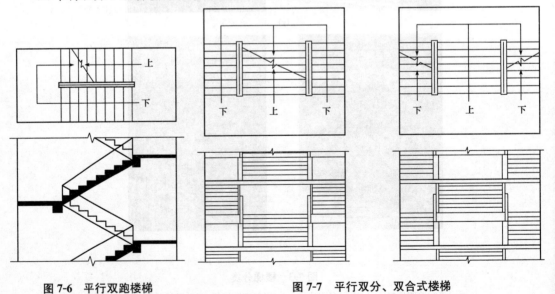

图7-6　平行双跑楼梯　　　　　　图7-7　平行双分、双合式楼梯

1)平行双分式。楼梯第一跑在中间，为一较宽梯段，经过休息平台后，向两边分为两

跑，各以第一跑一半的梯宽上至楼层。通常在人流多，楼梯宽度较大时采用。

2)平行双合式。楼梯第一跑为两个平行的较窄的梯段，经过休息平台后，合成一个宽度为第一跑两个梯段宽之和的梯段上至楼层。

(5)折行楼梯。

1)折行双跑楼梯。指第二跑与第一跑梯段之间成90°或其他角度，适宜于布置在靠房间一侧的转角处，多用于仅上一层楼面的影剧院等建筑中，如图7-8所示。

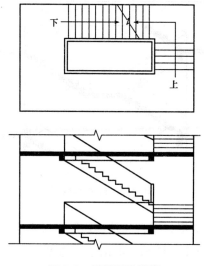

图7-8　折行双跑楼梯

2)折行多跑楼梯。指楼梯段数较多的折行楼梯，如折行三跑楼梯(图7-9)、四跑楼梯等。折行多跑楼梯围绕的中间部分形成较大的楼梯井，因而不宜用于幼儿园、中小学等建筑中的楼梯。在有电梯的建筑中，常在梯井部位布置电梯。

(6)交叉式楼梯。可认为是由两个直行单跑楼梯交叉并列而成。通行的人流量大，且为上下楼层的人流提供了两个方向，但仅适于层高小的建筑，如图7-10所示。

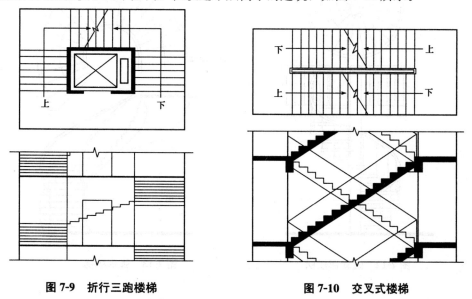

图7-9　折行三跑楼梯　　　　　图7-10　交叉式楼梯

（7）剪刀式楼梯。相当于两个双跑式楼梯对接。适用于层高较大且有人流多向性选择要求的建筑物，如商场、多层食堂等，如图 7-11 所示。

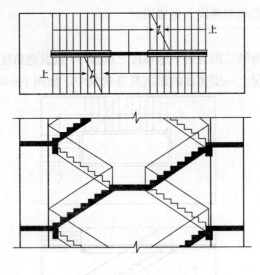

图 7-11　剪刀式楼梯

（8）螺旋形楼梯。平面呈圆形，平台与踏步均呈扇形平面，踏步内侧宽度小，行走不安全。不能作为主要人流交通和疏散楼梯，但由于其造型美观，常作为建筑小品布置在庭院或室内。螺旋形楼梯如图 7-12 所示。

（9）弧形楼梯。围绕一个较大的轴心空间旋转，且仅为一段弧环，其扇形踏步内侧宽度较大，坡度较缓，可以用来通行较多人流。一般布置于公共建筑的门厅，具有明显的导向性和优美、轻盈的造型，如图 7-13 所示。

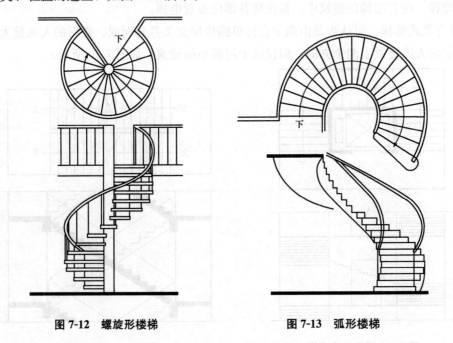

图 7-12　螺旋形楼梯　　　　　　　图 7-13　弧形楼梯

三、楼梯的设计要求

(1)功能方面的要求：主要是指楼梯的数量、宽度尺寸、平面式样、细部做法等均应满足功能要求。

(2)结构方面的要求：楼梯应具有足够的承载能力和较小的变形。

(3)防火、安全方面方面的要求：楼梯间距、数量以及楼梯间形式，采光、通风等均应满足现行防火规范的要求，以保证疏散安全。

(4)施工、经济方面的要求：使楼梯在施工中更方便，经济上更合理。

四、楼梯的尺度

1. 楼梯的坡度和踏步尺寸

楼梯的坡度是指楼梯段的坡度。楼梯坡度的表示方法(图 7-14)有两种，如下：

(1)用楼梯斜面与水平面的夹角来表示，如 30°、45°等。

(2)用楼梯斜面的垂直投影高度与斜面的水平投影长度之比来表示，如 1∶12、1∶8 等。

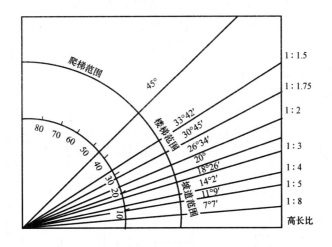

图 7-14 楼梯坡度的表示方法

踏步尺寸：

不同性质建筑物踏步尺寸的要求不同，踢面高度与踏面宽度之和与人的踏步长度有关。

按下列公式计算踏步尺寸：

$$2h + b = 600 \sim 620$$

或

$$h + b = 450$$

式中 h——踏步踢面高度(mm)；

b——踏步踏面宽度(mm)。

踏面宽不足最小尺寸时，为保证踏面宽有足够尺寸而又不增加总深度，可以采取加做踏口(或突缘)或将踢面倾斜的方式加宽踏面，如图 7-15 所示。

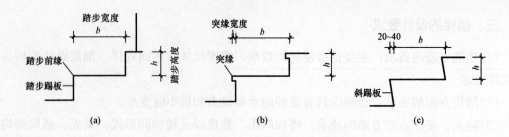

图 7-15　踏面

(a)无突缘；(b)有突缘；(c)斜踢板

2. 梯段的尺度

梯段的尺度可分为梯段宽度和梯段的长度。

梯段的宽度根据紧急疏散时要求通过的人流股数确定，并不少于两股人流。每股人流宽为 0.55＋(0～0.15)m 宽度考虑，双人通行时为 1 000～1 200 mm，三人通行时为 1 500～1 800 mm，其余类推。同时，需满足各类建筑设计规范中对梯段宽度的限定，如住宅≥1 100 mm，公共建筑≥1 300 mm 等，如图 7-16 所示。

楼梯梯段的长度 L 是每一梯段的水平投影长度：

$$L = b \times (N-1)$$

式中　b——踏步踏面宽度(mm)；

　　　N——每一梯段踏步数。

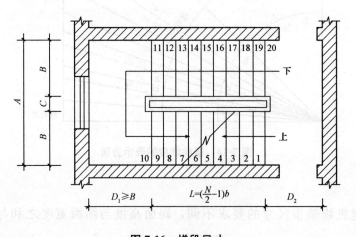

图 7-16　梯段尺寸

3. 平台的宽度

平台宽度可分为中间平台宽度 D_1 与楼层平台宽度 D_2。

中间平台宽度应不小于梯段宽度，以保证能通行和梯段同样股数的人流。

楼层平台的宽度应区别不同的楼梯形式而定。开敞式楼梯楼层平台可以与走廊合并使用。封闭式楼梯间平面，楼层平台应比中间平台更宽松些，以便于人流疏散和分配。

4. 梯井的宽度

梯井是指梯段之间形成的空隙，此空隙从顶层到底层贯通。楼井的尺寸如图 7-16 所示。

梯井宽度一般为 60～200 mm，当梯井超过 200 mm 时，应在梯井部位设水平防护措施。

5. 净空的高度

楼梯净空高度包括梯段净高和平台处净高，如图 7-17 所示。

梯段净高以踏步前缘处到顶棚垂直线的净高度计算。此高度应不小于 2 200 mm。

楼梯平台部分净高应不小于 2 000 mm，平台下部做出入口的净高不应小于 2 000 mm。

梯段的起始、终了踏步的前缘与顶部突出物的外缘线应不小于 300 mm。

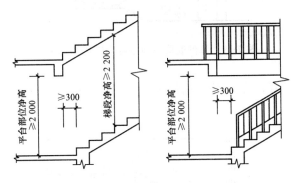

图 7-17 楼梯净空高度

(1)底层变等跑梯段为长短跑梯段，利用踏步的数量来调节下部净空高度，如图 7-18 所示。此种方法会加大楼梯间进深。

(2)降低底层中间平台下的地面标高，使其低于底层室内地坪标高。但应注意降低后的中间平台下的地坪标高仍应高于室外地坪标高，以防止雨水倒溢，如图 7-19 所示。

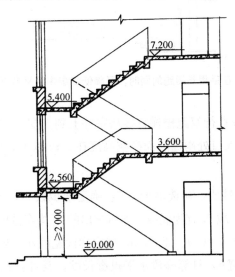

图 7-18 利用踏步的数量来调节下部净空高度

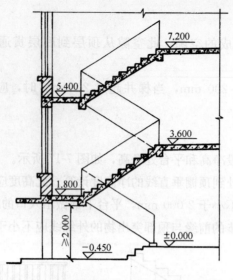

图 7-19 降低底层中间平台下的地面标高

(3)综合以上两种方式，在采用长短跑的同时，又降低底层中间平台下地坪标高，如图 7-20 所示。

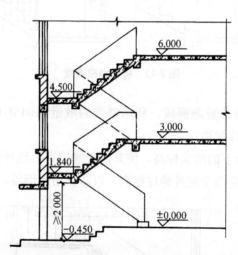

图 7-20 在采用长短跑的同时，又降低底层中间平台下地坪标高

(4)底层用直行单跑或直行双跑楼梯直接从室外上到二层，这种方式多用于少雨地区的住宅建筑，设计时应注意入口处雨篷底面净空高度在 2 m 以上，如图 7-21 所示。

6. 楼梯的设计

(1)根据建筑物的使用性质，初选踏步高 h，确定踏步数 N，$N=$层高$/h$。为减少构件类型，应尽量采用等跑楼梯，故 N 宜为偶数。如所求出的 N 为奇数或非整数，取 N 为偶数，反过来调整步高。再根据 $2h+b=600\sim620$ mm，确定梯段宽度 b。楼梯设计尺寸如图 7-22 所示。

(2)根据步数 N 和步宽 b，计算梯段水平投影长度。其计算式为：

$$L=(0.5N-1)\times b$$

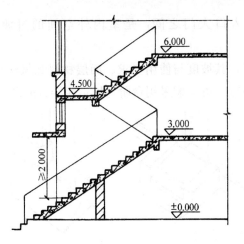

图 7-21　底层用直行单跑或直行双跑楼梯直接从室外上到二层

（3）根据楼梯间开间确定梯段宽度 B 和梯井宽度 C，$B＝$（开间－C－墙厚）/2，梯井宽 $C＝60\sim200$ mm。

（4）初步确定中间平台宽 D_1，$D_1\geqslant$梯段宽 B。

（5）根据中间平台宽度 D_1 及梯段长度 L 计算楼层平台宽度 D_2，$D_2＝$进深－D_1－L。

（6）进行楼梯净高的验算，有时也会重新调整楼梯的踏步数及踏步的高、宽。

（7）绘出楼梯的平面图及剖面图。

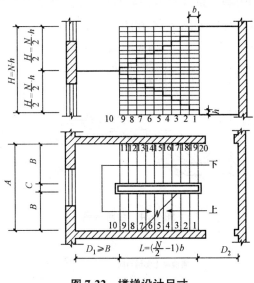

图 7-22　楼梯设计尺寸

五、室外台阶与坡道

1. 台阶和坡道的形式

台阶由踏步和平台组成，其形式有单面踏步式、三面踏步式等。

台阶踏步宽一般在 $300\sim400$ mm 左右，踏步高一般在 $100\sim150$ mm 左右，坡度较楼梯平缓。

平台位于台阶和出入口大门之间，是室内外空间的过渡。平台深度一般不小于 1 000 mm。

坡道多为单面坡形式，其坡度与使用要求、面层材料和做法有关，一般为 1/12～1/6。为便于汽车在大门口处通行，可考虑采用台阶与坡道相结合的形式，如图 7-23 所示。

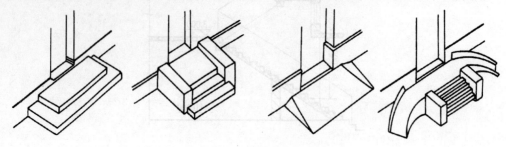

图 7-23 台阶和坡道相结合

2. 台阶构造

室外台阶的平台表面应比室内地面低 20～60 mm，且向外做 3%左右的坡度，以利于雨水排除。

室外台阶构造由面层、结构层和垫层组成。

结构层应采用抗冻、抗水性好的坚固材料，如砖台阶、石台阶、混凝土台阶、钢筋混凝土台阶等；面层应采用耐磨、抗冻材料，如水泥砂浆、水磨石、缸砖、天然石板等。

必要时还要考虑防滑处理，如图 7-24 和图 7-25 所示。

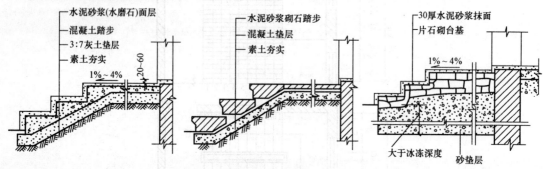

图 7-24 台阶构造

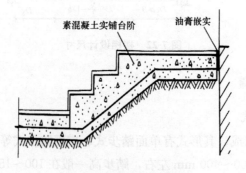

图 7-25 台阶的变形处理

3. 坡道构造

坡道材料常见的有混凝土或石块等，面层多为水泥砂浆，其构造要求与台阶相似，同时注意加强防滑处理。

第二节　钢筋混凝土楼梯

一、现浇钢筋混凝土楼梯

现浇钢筋混凝土楼梯是指楼梯段、楼梯平台等整体浇筑在一起的楼梯。

1. 现浇钢筋混凝土楼梯的特点

优点：结构整体性好，刚度大，可塑性强，能适应各种楼梯间平面和楼梯形式。

缺点：需要现场支模，模板耗费较大，施工周期较长，且抽孔困难，不便做成空心构件，所以混凝土用量和自重较大。

2. 现浇钢筋混凝土楼梯的分类及构造

(1)板式楼梯。板式楼梯梯段作为一块整浇板，斜向搁置在平台梁上。楼梯段相当于一块斜放的板，平台梁之间的距离即为板的跨度，楼梯段应沿跨度方向布置受力钢筋，如图7-26 所示。

1)普通板式楼梯：荷载—梯段板—平台梁—墙或柱。

2)与平台板整浇的板式楼梯。

3)悬挑平台板的板式楼梯。

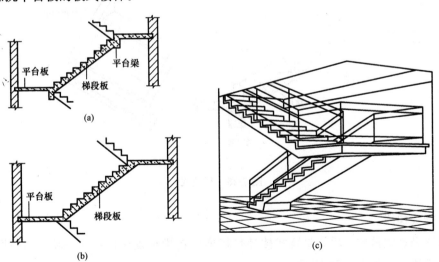

图 7-26　现浇钢筋混凝土楼梯分类

(a)不带平台板的梯段；(b)带平台板的梯段；

(c)悬挑平台板的梯段

（2）梁板式楼梯。梁板式楼梯由踏步、楼梯斜梁、平台梁和平台板组成，在结构上有双梁布置和单梁布置之分；如图 7-27 所示。

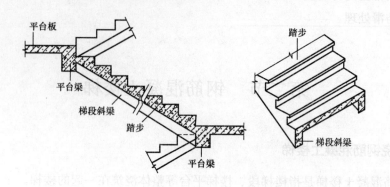

图 7-27　梁板式楼梯

1）双梁式梯段。

双梁式梯段是将梯段斜梁布置在踏步的两端，这时踏步板的跨度便是梯段的宽度，也就是楼梯段斜梁间的距离。

①正梁式。梯梁在踏步板之下，踏步板外露，又称为明步。形式较为明快，但在板下露出的梁的阴角容易积灰。

②反梁式。梯梁在踏步板之上，形成反梁，踏步包在里面，又称为暗步。暗步楼梯段底面平整，洗刷楼梯时污水不致污染楼梯底面，但梯梁占去了一部分梯段宽度；如图 7-28 所示。

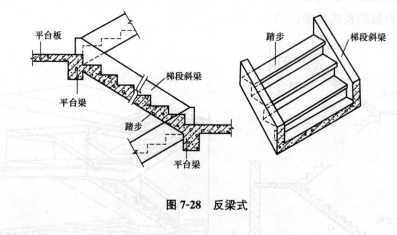

图 7-28　反梁式

2）单梁式梯段。

①单梁悬臂式楼梯。单梁悬臂式楼梯是将梯段斜梁布置在踏步的一端，而将踏步另一端向外悬臂挑出；如图 7-29 所示。

②单梁挑板式楼梯。单梁挑板式楼梯是将梯段斜梁布置在踏步的中间，让踏步从梁的两端挑出；如图 7-30 所示。

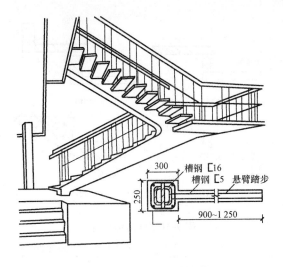

图 7-29　单梁悬臂式楼梯

图 7-30　单梁挑板式楼梯

二、预制装配式钢筋混凝土楼梯

1. 小型构件装配楼梯

小型构件装配楼梯是把楼梯的组成部分划分为若干构件，每一构件体积小、质量轻、易于制作、便于运输和安装。但由于安装时件数较多，所以施工工序多，现场湿作业较多，施工速度较慢；适用于施工过程中没有吊装设备或只有小型吊装设备的房屋。

（1）梯段。

1）预制踏步板。预制踏步板断面形式有一字形、正 L 形、倒 L 形、三角形等，如图 7-31 所示。

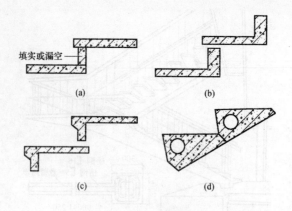

图 7-31　预制踏步板

(a)一字形；(b)正 L 形；(c)倒 L 形；(d)三角形

2)梯斜梁。梯斜梁一般为矩形截面和锯齿形截面两种。

矩形截面梯斜梁用于搁置三角形断面踏步板。

锯齿形截面梯斜梁主要用于搁置一字形、L 形、倒 L 形的踏步板，如图 7-32 所示。

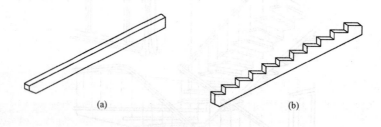

图 7-32　梯斜梁

(a)矩形截面梯斜梁；(b)锯齿形截面梯斜梁

(2)平台梁及平台板。

1)平台梁。为便于支撑梯斜梁，平衡梯段水平分力并减少平台梁所占结构空间，平台梁一般为 L 形断面，如图 7-33 所示。

2)平台板。可根据需要采用预制钢筋混凝土空心板、槽形板或平板。在平台上有管道井处，不宜布置空心板。平台板一般平行于平台梁布置，以利加强楼梯间整体刚度。当垂直于平台梁布置时，常采用小平板。

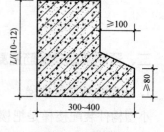

图 7-33　平台梁

(3)预制踏步的支撑结构。预制踏步的支撑有三种形式：梁支撑、墙支撑和悬挑式。

1)梁承式楼梯。指预制踏步支撑在梯斜梁上，形成梁式梯段，梯段支撑在平台梁上，如图 7-34 所示。

2)双墙支撑式楼梯：预制 L 形或一字形踏步板的两端直接搁置在墙上，荷载传递给两侧的墙体，不需要设梯梁和平台梁，从而节约了钢材和混凝土，如图 7-35 所示。

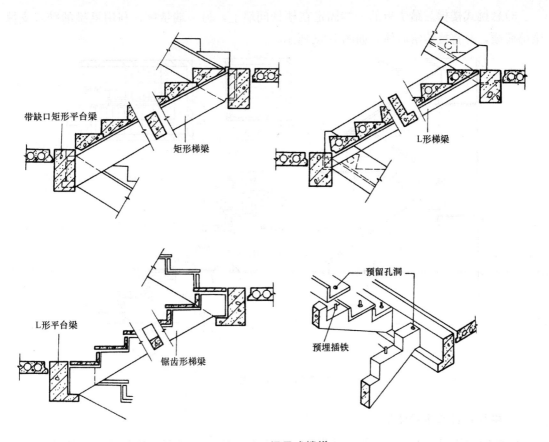

图 7-34　梁承式楼梯

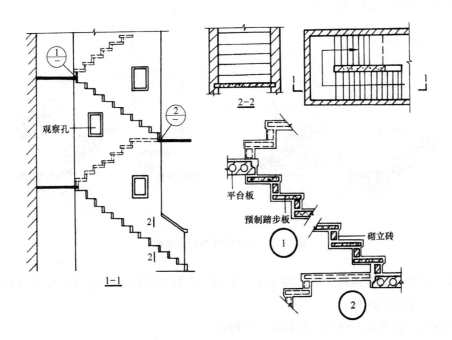

图 7-35　双墙支撑式楼梯

3)悬挑式楼梯。踏步板的一端固定在楼梯间墙上，另一端悬挑，利用悬挑的踏步支撑全部荷载，并直接传给墙体，如图7-36所示。

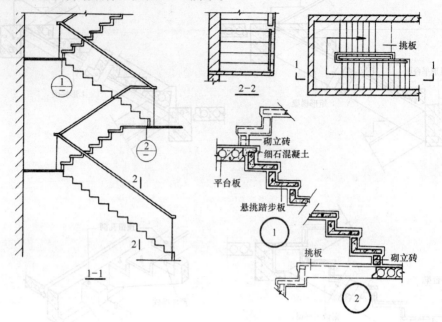

图 7-36　悬挑式楼梯

2. 中型构件装配式楼梯

中型构件装配式楼梯，一般由楼梯段和带平台梁的平台板两个构件组成；按其结构形式不同分为板式梯段和梁板式梯段两种，如图7-37所示。

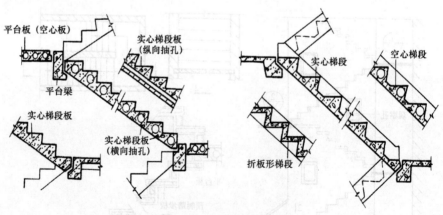

图 7-37　中型构件装配式楼梯

板式梯段为预制整体梯段板，两端搁在平台梁出挑的翼缘上，将梯段荷载直接传给平台梁，有实心和空心两种。

梁式梯段由踏步板和梯梁共同组成一个构件。

中型构件装配式楼梯安装步骤如下：

(1)梯段的两端搁置在L形平台梁上，安装前应先在平台梁上坐浆，使构件间的接触面贴紧，受力均匀。

（2）预埋件焊接或将梯段预留孔套接在平台梁的预埋铁件上。

（3）孔内用水泥砂浆填实的方式，将梯段与平台梁连接在一起。

3. 大型构件装配式楼梯

大型构件装配式楼梯，是把整个梯段和平台预制成一个构件；按结构形式不同，可分为板式楼梯和梁板式楼梯两种，如图 7-38 所示。

优点：构件数量少，装配化程度高，施工速度快。

缺点：施工时需要大型的起重运输设备。

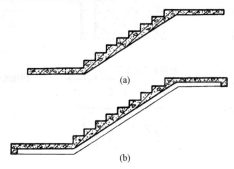

图 7-38　大型构件装配式楼梯

（a）板式楼梯；（b）梁板式楼梯

第三节　楼梯细部构造

一、踏步面层及防滑处理

1. 踏步面层

楼梯的踏步面层应便于行走，耐磨、防滑，便于清洁，同时要求美观。

踏步面层的材料可采用水泥砂浆、水磨石、大理石、地砖和缸砖等，如图 7-39 所示。

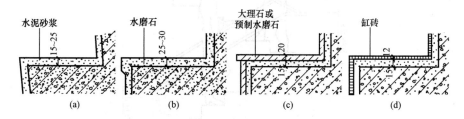

图 7-39　踏步面层

（a）水泥砂浆材料；（b）水磨石材料；（c）大理石材料；（d）缸砖材料

2. 防滑处理

为防止行人在行走时滑倒，踏步表面应采取防滑和耐磨措施，通常是在踏口处做防滑槽或者防滑条。

防滑槽做踏步面层时留两三道凹槽(图 7-40)。

防滑条材料可采用铁屑水泥、金刚砂、塑料条、橡皮条、金属条、马赛克等，如图 7-40 所示。

采用耐磨防滑材料如缸砖、铸铁等做防滑包口(图 7-40)，既防滑又起保护作用。

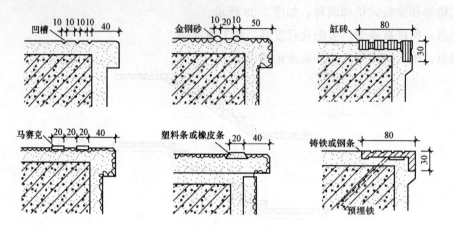

图 7-40 防滑槽、防滑条与防滑包口

二、栏杆、栏板和扶手的构造

1. 栏杆的形式与构造

栏杆是布置在楼梯梯段和平台边缘处有一定安全保障度的围护构件。栏杆或栏板顶部供人们行走倚扶用的连续构件，称为扶手。栏杆和扶手如图 7-41 所示。

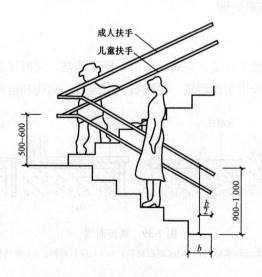

图 7-41 栏杆和扶手

栏杆、扶手在设计、施工时应考虑坚固、安全、适用、美观。

扶手高度是指踏面宽度中点至扶手面的竖向高度，一般高度为 900 mm，供儿童使用的扶手高度为 600 mm，室外楼梯栏杆、扶手高度应不小于 1 100 mm。

(1)空花栏杆。空花栏杆多用方钢、圆钢、扁钢等型材焊接或铆接成各种图案，既起防护作用，又有一定的装饰效果。常用栏杆断面尺寸为：圆钢 φ16～φ25，方钢(15×15)mm～(25×25)mm，扁钢(30～50)mm×(3～6)mm，钢管 φ20～φ50；如图 7-42 所示。

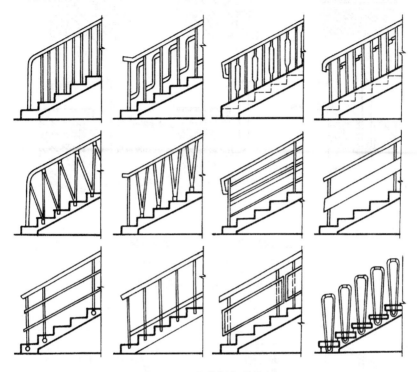

图 7-42　空花栏杆的类型

栏杆与楼梯段连接方法(图 7-43)如下：

1)预埋铁件焊接：即将栏杆的立杆与楼梯段中预埋的钢板或套管焊接在一起。

2)预留孔洞插接：即将栏杆的立杆端部做成开脚或倒刺插入楼梯段预留的孔洞，用水泥砂浆或细石混凝土填实。

3)螺栓连接：用螺栓将栏杆固定在梯段上，固定方法有若干种，如用板底螺帽栓紧贯穿踏板的栏杆等。

(2)实体栏板。栏板是用实体材料做成的，多由钢筋混凝土、加筋砖砌体、有机玻璃、钢化玻璃等制作。

砖砌栏板，当栏板厚度为 60 mm(即标准砖侧砌)时，外侧要用钢筋网加固，再用钢筋混凝土扶手与栏板连成整体。

现浇钢筋混凝土楼梯栏板经支模、扎筋后，与楼梯段整体浇筑。

预制钢筋混凝土楼梯栏板则用预埋钢板焊接，如图 7-44 所示。

(3)组合式栏板。组合式栏板是将空花栏杆与实体栏板组合而成的一种栏杆形式。空花部分多用金属材料制成，栏板部分可用砖砌栏板、有机玻璃、钢化玻璃等，两者共同组成

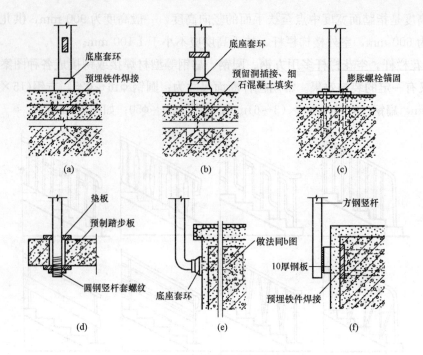

图 7-43　栏杆与楼梯段连接方法

（a）、（f）预埋铁件焊接；（b）、（e）预留洞插接；

（c）膨胀螺栓锚固；（d）预制踏步板

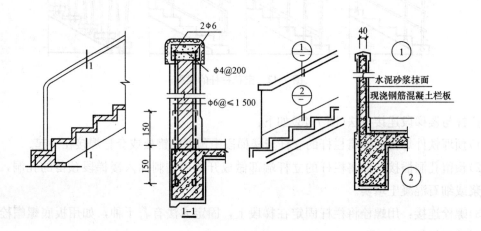

图 7-44　预制钢筋混凝土楼梯栏板

组合式栏杆，如图 7-45 所示。

2. 扶手构造

（1）扶手常采用硬木、塑料和金属材料制作。硬木扶手常用于室内楼梯；金属和塑料是室外楼梯扶手常用材料。

栏板顶部的扶手还可用水泥砂浆或水磨石抹面而成，也可用大理石、预制水磨石板或木材贴面制成。

（2）扶手与栏杆的连接。硬木扶手与金属栏杆的连接、塑料扶手与金属栏杆的连接，如图 7-46 所示。

（3）扶手与梯段、平台的连接，如图 7-47 所示。

（4）扶手与墙体连接，如图 7-48 所示。

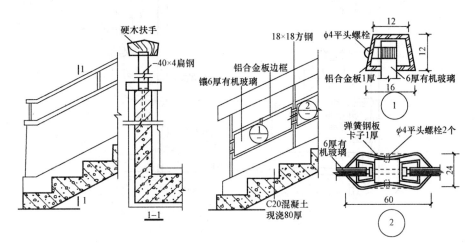

图 7-45　组合式栏板

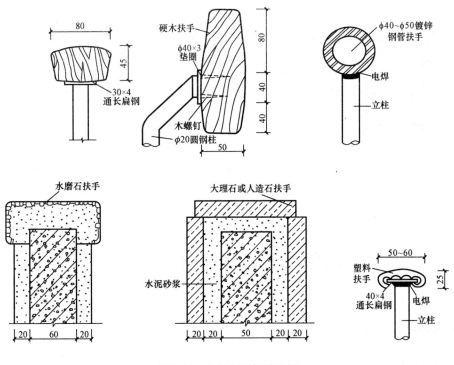

图 7-46　扶手与栏杆的连接

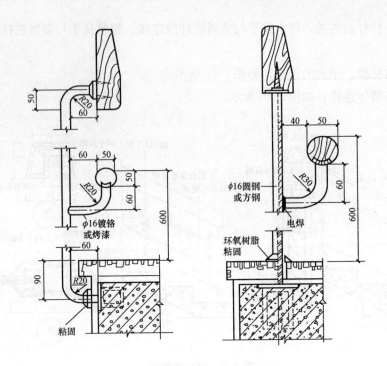

图 7-47　扶手与梯段、平台的连接

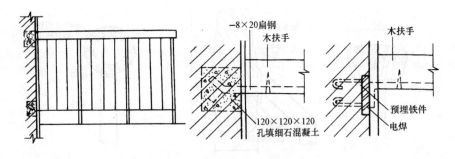

图 7-48　扶手与墙体连接

第四节　电梯与自动扶梯

一、电梯

1. 电梯的类型

(1)按使用性质分类。

1)客梯。客梯主要用于人们在建筑物中的垂直联系。

2)货梯。货梯主要用于运送货物及设备。

3)消防电梯。消防电梯用于发生火灾、爆炸等紧急情况下，安全疏散人员和消防人员紧急救援使用。

(2)按行驶速度分类。

1)高速电梯，速度在 2 m/s 以上。

2)中速电梯，速度在 2 m/s 以内。

3)低速电梯，速度在 1.5 m/s 以内。

2. 电梯的组成

(1)电梯井道。电梯井道是电梯运行的通道，内部安装有轿厢、导轨、平衡重、缓冲器等。井道必需保证所需的垂直度和规定的内径，保证设备安装及运行不受妨碍。电梯井道要考虑防火、隔声、防振、通风要求。井道内为了安装、检修和缓冲，上下均应留有必要的空间。电梯井道的组成如图 7-49 所示。

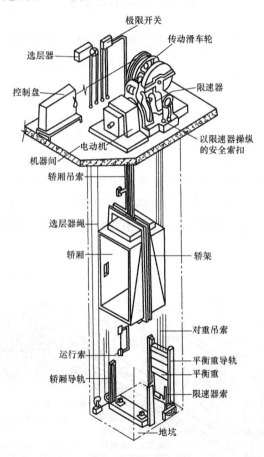

图 7-49　电梯井道的组成

(2)电梯机房。电梯机房的位置一般设置在电梯井道的顶部，少数设在顶端本层、底层或地下。

机房尺寸须根据机械设备尺寸的安排和管理、维修等需要来决定，可向某一方向或两个方向扩大，一般至少有两个面。机房和楼板应按机器边扩出 600 mm 以上的宽度，高度多为 2.5～3.5 m。

机房应有良好的采光和通风，指示灯安装位置如图 7-50 所示。

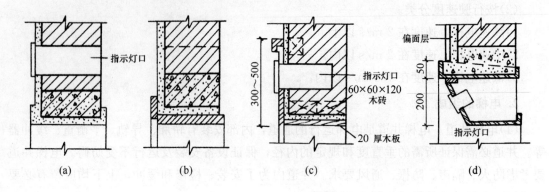

图 7-50　指示灯口的位置

（3）电梯厅门套。电梯厅门套装修的构造做法与电梯厅的装修统一考虑，可用水泥砂浆抹灰，水磨石或木板装修，高级的还可采用大理石或金属装修。

二、自动扶梯

自动扶梯多用于有大量人流出入的公共建筑中，其坡度比较平缓，运行速度为 0.5～0.7 m/s，宽度有单人和双人两种。

自动扶梯运行原理是采取机电系统技术，由电动马达变速器以及安全制动器所组成的推动单元拖动两条环链，而每级踏步板都与环链连接，通过轧轮的滚动，踏板便沿主构架中的轨道循环运转，而在踏板上面的扶手带以相应速度与踏板同步运转，如图 7-51 所示。

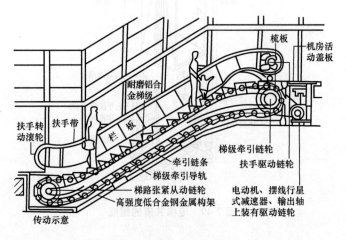

图 7-51　自动扶梯运行原理

机房悬挂在楼板下面，楼层下做装饰外壳处理，底层做地坑并做好防水处理。

在其机房上部自动扶梯的入口处，应做活动地板，以利于检修。

1. 楼梯由哪几部分组成?
2. 楼梯的设计有哪些要求?
3. 楼梯坡度的表示方法有哪两种?
4. 现浇钢筋混凝土楼梯的优点和缺点各是什么?
5. 预制装配式钢筋混凝土楼梯的构造有哪些内容?
6. 踏步面层的防滑处理措施有哪些?

第八章 屋 顶

本章重点

屋顶的分类和坡度；平屋顶的构造；坡屋顶的构造。

学习目标

熟悉屋顶的分类和设计要求，熟悉屋顶的坡度；掌握平屋顶刚性防水和柔性防水屋面构造；掌握坡屋顶的屋面及细部构造，掌握坡屋顶排水与泛水处理。熟悉平屋顶和坡屋顶的保温隔热设置。

各种屋顶样式如图 8-1 所示。

 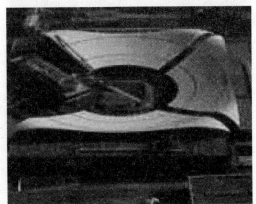

图 8-1 各种屋顶样式

第一节　屋顶概述

屋顶是房屋最上层的水平围护结构，也是房屋的重要组成部分。屋顶由屋面、承重结构、保温(隔热)层和顶棚等部分组成。

一、屋顶的分类

1. 根据屋顶的外形和坡度划分

根据屋顶的外形和坡度划分，屋顶可分为平屋顶、坡屋顶、曲面屋顶等，如图 8-2 所示。

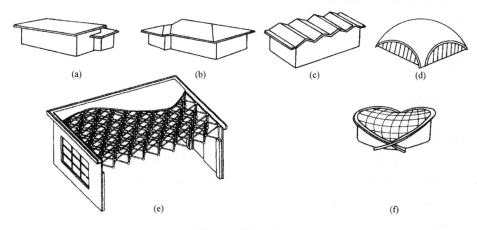

图 8-2　屋顶形式

(a)平屋顶；(b)坡屋顶；(c)折板；

(d)壳体；(e)网架；(f)悬索

(1)平屋顶。平屋顶的屋面应采用防水性能好的材料，为了排水需要设置坡度，平屋顶的屋面坡度小于 10%，常用的坡度范围为 2%～5%，其一般构造是用现浇或预制的钢筋混凝土屋面板作为基层，上面铺设卷材防水层或其他类型防水层。

(2)坡屋顶。坡屋顶是常用的屋顶类型，屋面坡度大于 10%，有单坡、双坡、四坡和歇山等多种形式，单坡屋顶用于小跨度的房屋，双坡和四坡屋顶用于跨度较大的房屋。坡屋顶的屋面多以各种小块瓦为防水材料，所以坡度一般较大。如以波形瓦、镀锌铁皮等为屋面防水材料时，坡度可以较小。坡屋顶排水快，保温、隔热性能好，但是承重结构的自重较大，施工难度也较大。

(3)曲面屋顶。曲面屋顶是由各种薄壳结构、悬索结构、拱结构和网架结构作为屋顶承重结构的屋顶，如双曲拱屋顶、球形网壳屋顶、扁壳屋顶、鞍形悬索屋顶等。这类结构的内力分布合理，能充分发挥材料的力学性能，因而能节约材料；但是，这类屋顶施工复杂，故常用于大体量的公共建筑。

2. 根据屋面防水材料划分

根据屋面防水材料不同,屋面可分为柔性防水屋面、刚性防水屋面、瓦屋面、波形瓦屋面、金属薄板屋面、粉剂防水屋面等。

二、屋顶的作用和设计要求

1. 屋顶的作用

屋顶能抵御自然界的风霜雨雪、太阳辐射、昼夜气温变化和各种外界不利因素对建筑物的影响;屋顶承受作用于屋顶上部荷载,包括风荷载、雪荷载和屋顶自重,将它们通过墙、柱传递到基础;另外,屋顶的形式对建筑造型有重要影响,可以使房屋形体美观、造型协调。

2. 屋顶的设计要求

(1)防水可靠、排水迅速。

(2)符合强度和刚度的要求。

(3)符合保温隔热的要求。

(4)符合美观的要求。

三、屋顶的坡度

1. 影响坡度的因素

为了预防屋顶渗漏水,常将屋面做成一定坡度,以利排除雨水。屋顶的坡度首先取决于建筑物所在地区的降水量大小;同时也取决于屋面防水材料的性能,即采用防水性能好、单块面积大、接缝少的材料。

2. 坡度的表示方法

屋顶坡度的常用表示方法有斜率法、百分比法和角度法三种。

3. 坡度形成的方法

屋顶的坡度形成有结构找坡和材料找坡两种方法。

(1)结构找坡。结构找坡是指屋顶结构自身有排水坡度,一般采用上表面呈倾斜的屋面面梁或在屋架上安装屋面板,也可采用在顶面倾斜的山墙上搁置屋面板,使结构表面形成坡面。这种做法不需另加找坡材料,构造简单,不增加荷载,其缺点是室内的顶棚是倾斜的,空间不够规整,有时需加吊顶。某些坡屋顶(如曲面屋顶)常用结构找坡。

(2)材料找坡。材料找坡是指屋顶坡度由垫坡材料形成,一般用于坡度较小的屋面,通常选用炉渣等材料,找坡保温屋面也可根据情况直接采用保温材料找坡。

第二节　平　屋　顶

屋顶坡度小于1∶10者称为平屋顶。一般平屋顶的坡度为2%～5%。平屋顶的支撑结构常用钢筋混凝土,由于梁板结构布置灵活,较简单,适合各种形状和大小的平面。平屋顶建筑外观简洁，坡度小，并可利用屋顶作为活动场地，例如作为日光浴场、屋顶花园、体育活动等。支撑结构设计时要考虑能承受上述活动所增加的荷载。平屋顶坡度小，易产生渗漏现象，故对屋面排水与防水问题的处理更为重要。

一、平屋顶的组成

平屋顶设计中主要解决防水、排水、保温、隔热和结构承载等问题，一般做法是结构层在下，防水层在上，其他层次位置视具体情况而定。平屋顶的组成如图 8-3 所示。

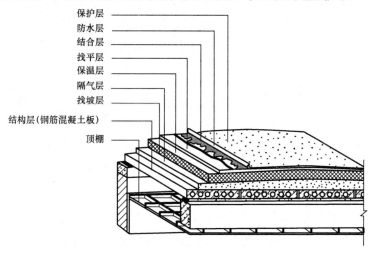

图 8-3　平屋顶的组成

1. 承重结构层

平屋顶的承重结构层，一般采用钢筋混凝土梁板。要求具有足够的承载力和刚度，减少板的形变，可以在现场浇筑，也可以采用预制装配结构。因屋面防水和防渗漏要求需接缝少，故最好采用现浇式屋面板。

2. 找坡层

平屋面的排水坡度分结构找坡和材料找坡。结构找坡要求屋面结构按屋面坡度设置；材料找坡常利用屋面保温材料铺设厚度的变化完成，如 1：6 水泥焦渣或 1：8 水泥膨胀珍珠岩。

3. 防水层

屋顶通过面层材料的防水性能达到防水的目的。由于平屋顶的坡度小，排水流动缓慢，是典型的以"阻"为主的防水系统，因而要加强屋面的防水构造处理。平屋顶通常将整个屋面用防水材料覆盖，所有接缝或防水层分仓缝用防水胶结材料严密封闭。平屋顶应选用防水性能好和大片的屋面材料，采取可靠的构造措施来提高屋面的抗渗能力。

(1)柔性防水层。柔性防水层指采用有一定韧性的防水材料隔绝雨水，防止雨水渗漏到屋面下层。由于柔性材料允许有一定变形，所以在屋面基层结构变形不大的条件下可以使用。柔性防水层的材料主要有防水卷材和防水涂料两类。

（2）刚性防水层。刚性防水层是采用密实混凝土现浇而成的防水层。刚性防水层的材料可采用普通细石混凝土防水层、补偿收缩防水混凝土防水层、块体刚性防水层和配筋钢纤维刚性防水层。

目前，在北方地区多采用沥青卷材的屋面面层（柔性防水层），而在南方地区常采用水泥砂浆或混凝土浇筑的整体屋面面层（刚性防水层）。

4. 保温（隔热）层

保温（隔热）层应设在屋顶的承重结构层与面层之间，一般采用松散材料、板（块）状材料或现场整浇三种，如膨胀珍珠岩、加气混凝土块、硬质聚氨酯泡沫塑料等，纤维材料容易产生压缩变形，采用较少。选用时应综合考虑材料来源、性能、经济等因素。

5. 找平层

找平层是为了使平屋顶的基层平整，以保证防水层平整，使排水顺畅，无积水。找平层的材料有水泥砂浆、细石混凝土或沥青砂浆。找平层宜设分格缝，并嵌填密封材料。分格缝中纵横缝的最大间距：水泥砂浆或细石混凝土找平层，不宜大于 6 m；沥青砂浆找平层，不宜大于 4 m。

6. 基层处理剂

基层处理剂是在找平层与防水层之间涂刷的一层粘结材料，以保证防水层与基层更好地结合，故又称结合层。增加基层与防水层之间的粘结力并堵塞基层的毛孔，以减少室内潮气渗透，避免防水层出现鼓泡。

7. 隔气层

为了防止室内的水蒸气渗透进入保温层内，降低保温效果，采暖地区湿度大于 75%，屋面应设置隔气层。

8. 保护层

当柔性防水层置于最上层时，为防止阳光的照射使防水材料日久老化，上人屋面应在防水层上加保护层。保护层的材料与防水层面层的材料有关，如高分子或高聚物改性沥青防水卷材的保护层可用于保护涂料；沥青防水卷材冷粘时采用云母或蛭石，热粘时采用绿豆砂或砾石，合成高分子涂膜采用保护涂料；高聚物改性沥青防水涂膜的保护层则采用细砂、云母或蛭石。对上人的屋面则可铺砌块材，如混凝土板、地砖等做刚性保护层。

二、平屋顶柔性防水屋面

平屋顶柔性防水屋面是将柔性的防水卷材相互搭接，用胶结料粘贴在屋面基层上形成防水能力。由于卷材有一定的柔性，能适应部分屋面变形，所以称为柔性防水屋面，也称为卷材防水屋面。

1. 卷材防水屋面的基本构造

卷材防水屋面由结构层、找平层、防水层和保护层组成。

2. 卷材防水层屋面的铺贴方法

卷材防水层屋面的铺贴方法包括冷粘法、自粘法、热熔法等。

3. 卷材防水屋面的排水方式

平屋顶坡度较小，排水较困难，为把雨水尽快排除出去，减少积留时间，需组织好屋面的排水系统，而屋面的排水系统又与排水方式及檐口做法有关，需统一考虑。屋面排水方式可分为无组织排水和有组织排水两种类型。

(1)无组织排水。当平屋顶采用无组织排水时，需把屋顶在外墙四周挑出，形成挑檐，屋面雨水经挑檐自由下落至室外地坪，这种排水方式称为无组织排水。无组织排水不需在屋顶上设置排水装置，构造简单，造价低，但沿檐口下落的雨水会溅湿墙脚，有风时雨水还会污染墙面。所以，无组织排水一般适用于低层或次要建筑及降雨量较小地区的建筑。

(2)有组织排水。有组织排水是在屋顶设置与屋面排水方向垂直的纵向天沟，汇集雨水后，将雨水由雨水口、雨水管有组织地排到室外地面或室内地下排水系统。有组织排水的屋顶构造复杂，造价高，但避免了雨水自由下落对墙面和地面的冲刷和污染。按照雨水管布置的位置，有组织排水可分为外排水和内排水。

4. 卷材防水屋面的排水设计任务

卷材防水屋面排水设计的主要任务是：首先将屋面划分为若干个排水区，然后通过适宜的排水坡和排水沟，分别将雨水引向各自的落水管再排至地面。屋面排水的设计原则是排水通畅、简捷，雨水口负荷均匀。具体设计步骤如下：

(1)确定屋面坡度的形成方法和坡度大小。

(2)选择排水方式，划分排水区域。

(3)确定天沟的断面形式及尺寸。

(4)确定落水管所用材料的大小及间距，绘制屋顶排水平面图。单坡排水的屋面宽度不宜超过 12 m，矩形天沟净宽不宜小于 200 mm，天沟纵坡最高处与天沟上口的距离不小于120 mm。落水管的内径不宜小于 75 mm，落水管间距一般为 18~24 m，每根落水管可排除约 200 m² 的屋面雨水。

5. 卷材防水屋面的节点构造

卷材防水屋面在檐口、屋面与突出构件之间、变形缝、上人孔等处特别容易产生渗漏，所以应加强这些部位的防水处理。

(1)泛水：泛水是指屋面防水层与突出构件之间的防水构造。一般在屋面防水层与女儿墙、上人屋面的楼梯间、突出屋面的电梯机房、水箱间、高低屋面交接处等都需做泛水。

(2)檐口：檐口是屋面防水层的收头处，此处的构造处理方法与檐口的形式有关，檐口的形式由屋面的排水方式和建筑物立面造型的要求来确定，一般可分为无组织排水檐口、挑檐沟檐口、女儿墙檐口和斜板挑檐檐口等。

(3)雨水口：雨水口是屋面雨水排至落水管的连接构件，通常为定型产品，多用铸铁、钢板制作。雨水口分直管式和弯管式两大类。直管式用于内排水中间天沟、外排水挑檐等；弯管式只适用女儿墙外排水天沟。

三、平屋顶刚性防水屋面

刚性防水屋面是用刚性防水材料，如防水砂浆、细石混凝土、配筋的细石混凝土等做防水层的屋面，屋面坡度宜为 2％～3％，并应采用结构找坡。这种屋面构造简单，施工方便，造价低廉，但对湿度变化和结构变形较敏感，容易产生裂缝而渗漏。故刚性防水屋面不宜用于湿度变化大，有振动荷载和基础有较大不均匀沉降的建筑。刚性防水屋面一般用于南方地区的建筑。

(1)刚性防水屋面的基本构造。刚性防水屋面是由结构层、找平层、隔离层和防水层组成。

(2)刚性防水屋面的节点构造。刚性防水屋面的节点构造包括分格缝、泛水、檐口和雨水口构造等。

四、屋顶的保温与隔热

屋面保温材料应具有吸水率低、表观密度和导热系数较小，并有一定强度的性能。保温材料按物理特性可分为三大类：一是散料类保温材料，如膨胀珍珠岩、膨胀蛭石、炉渣、矿渣等；二是整浇类保温材料，如水泥膨胀珍珠岩、水泥膨胀蛭石等；三是板块类保温材料，如用加气混凝土、泡沫混凝土、膨胀珍珠岩混凝土、膨胀蛭石混凝土等加工成的保温块材或板材，或采用聚苯乙烯泡沫塑料保温板。在实际工程中，应根据工程实际来选择保温材料的类型，通过热工计算确定保温层的厚度。

平屋顶的保温构造主要有保温层位于结构层与防水层之间，保温层位于防水层之上和保温层与结构层结合三种形式。

平屋顶的隔热构造可采用通风隔热、蓄水隔热、植被隔热、反射隔热等方式。

第三节　坡　屋　顶

一、坡屋顶的组成和特点

坡屋顶建筑为我国传统的建筑形式，主要由屋面构件、支撑构件和顶棚等主要部分组成。根据使用功能的不同，有些还需设保温层、隔热层等。坡屋顶的屋面是由一些坡度相同的倾斜面相互交接而成，交线为水平线时称为正脊；当斜面相交为凹角时，所构成的倾斜交线称为斜天沟；当斜面相交为凸角时的交线称为斜脊。坡屋顶的坡度随着所采用的支撑结构和屋面铺材和铺盖方法不同而异，一般坡度均大于 1∶10，坡屋面坡度较大，雨水容易排除。

二、坡屋顶的形式

(1)单坡屋顶。单坡屋顶一般在房屋宽度很小或临街时采用，从造型美观、构造功能齐全等方面考虑，目前已很少采用这种屋顶形式。

(2)双坡屋顶。双坡屋顶一般在房屋宽度较大时采用，可分为悬山屋顶和硬山屋顶。悬山是指屋顶两端挑出山墙外的屋顶形式，硬山是指两端山墙高出屋面的屋顶形式。双坡屋顶的结构易于布置，构造容易处理，所以是采用较多的一类。

(3)四坡屋顶。四坡屋顶也叫四坡落水屋顶。四坡屋顶在其两端三面相交处的结构与构造的处理都比较复杂，古代宫殿庙宇常用的殿顶和歇山顶都属于四坡屋顶。

坡屋顶的形式如图 8-4 所示。

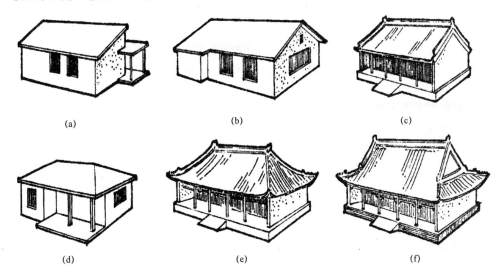

图 8-4　坡屋顶的形式

(a)单坡；(b)双坡(悬山)；(c)双坡(硬山)；

(d)四坡顶；(e)庑殿；(f)歇山

三、屋面材料及坡度

坡屋顶的屋面防水材料有弧瓦(又称小青瓦)、平瓦、波形瓦、金属瓦、琉璃瓦、琉璃屋顶、构件自防水及草顶、黄土顶等。坡屋顶坡度一般大于 10%。

四、坡屋顶的支撑结构

不同材料和结构可以设计出各种形式的屋顶，同一种形式的屋顶也可采用不同的结构方式。为了满足功能、经济、美观的要求，必须合理地选择支撑结构。在坡屋顶中常采用的支撑结构有山墙承重和屋架承重、梁架承重等类型(图 8-5)。在低层住宅、宿舍等建筑中，由于房间开间较小，常用山墙承重结构。在食堂、学校、俱乐部等建筑中，开间较大的房间可根据具体情况采用山墙和屋架承重。

1. 山墙承重

山墙作为屋顶承重结构，多用于房间开间较小的建筑。其优点是节约木材和钢材，构造简单，施工方便，隔声性能较好。山墙以往采用 240 标准黏土砖砌筑。为节约农田和能

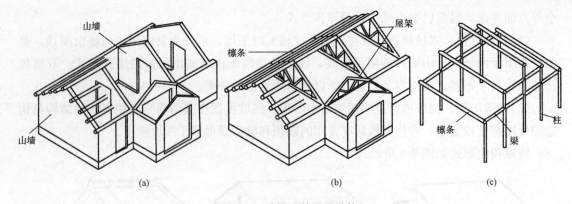

图 8-5 坡屋顶的承重结构

(a)山墙承重; (b)屋架承重; (c)梁架承重

源,可采用水泥煤渣砖或多孔砖等。

2. 屋架承重

屋架承重是指利用建筑物的外纵墙或柱支撑屋架,然后在屋架上搁置檩条来承受屋面重量的一种承重方式。屋架一般按房屋的开间等间距排列,其开间的选择与建筑平面以及立面设计都有关系。屋架承重体系的主要优点是建筑物内部可以形成较大的空间结构,布置灵活,通用性大。

3. 梁架承重

梁架承重是我国传统的木结构形式,它由柱和梁组成梁架,檩条搁置在梁间,承受屋面荷载,并将各梁架联系为一完整的骨架。内外墙体均填充在梁架之间,起分隔和围护作用,不承受荷载。梁架交接处为齿结合,整体性与抗震性均较好,但耗用木料较多,防火、耐久性均较差。如今在一些仿古建筑中常以钢筋混凝土梁柱仿效传统的木梁架。

五、坡屋顶的屋面构造

坡屋顶屋面一般是由屋面支撑构件及屋面防水层组成的。

1. 屋面支撑构件

支撑构件包括檩条、椽子、屋面板和钢筋混凝土挂瓦板。

(1)檩条。檩条一般搁在山墙或屋架的节点上。屋架节间较大时,为了减少屋面板或椽子的跨度,常在屋架节间增设檩条。

(2)椽子。当檩条间距大,不宜直接在其上铺放屋面板时,可垂直于檩条方向架立椽子。

(3)屋面板。当檩条间距小于 800 mm 时可直接在檩条上钉屋面板,当檩条间距大于 800 mm 时,应先钉椽子再在椽子上钉屋面板。

(4)钢筋混凝土挂瓦板。钢筋混凝土挂瓦板是将檩条、屋面板、挂瓦条等构件组合成一体的小型预制构件,直接铺放在山墙或混凝土屋架上。

2. 屋面防水层

坡屋顶屋面铺材决定了屋面防水层的构造。屋面防水层包括平瓦屋面、小青瓦屋面、钢筋混凝土大瓦屋面、钢筋混凝土板基层平瓦屋面、玻璃纤维油毡瓦屋面、钢板彩瓦屋面、彩色镀锌压型钢板屋面等。

(1)平瓦屋面。平瓦由黏土烧成，取材方便，耐燃性与耐久性均较好。制作要求薄而轻，吸水率小。平瓦屋面在一般民用建筑中应用广泛。其缺点是瓦的尺寸小，接缝多，接缝处容易飘进雨雪，产生漏雨。且制瓦时要取土于农田。

(2)小青瓦屋面。在我国旧民居建筑中常用小青瓦(板瓦、蝴蝶瓦)作屋面。小青瓦块小，易漏雨，须经常维修，除旧房维修及少数地区民居外已不使用。

(3)钢筋混凝土板平瓦屋面。在住宅、学校、宾馆、医院等民用建筑中，钢筋混凝土屋面板找平层上铺防水卷材、保温层，再做水泥砂浆卧瓦层，最薄处为 20 mm，内配 6@500 mm×500 mm 钢筋网，再铺瓦。也可在保温层上做 C15 细石混凝土找平层，内配 6@500 mm×500 mm 钢筋网，再做顺水条、挂瓦条挂瓦，这类坡屋面防水等级可为Ⅱ级。同样在钢筋混凝土基层上除铺平瓦屋面外，也可改用小青瓦、琉璃瓦，多彩油毡瓦或钢板彩瓦等屋面。

(4)玻璃纤维油毡瓦(简称油毡瓦)屋面。油毡瓦为薄而轻的片状瓦材。油毡瓦以玻璃纤维为基架，覆以特殊沥青涂层，上附石粉，表面为隔离保护层组成的片材。一般分单层和双层两种，其色彩和重量各异。单层油毡瓦采用较普遍，规格为 1 000 mm×333 mm，重为 9.76~11.23 kg/m²。油毡瓦一般用于低层住宅、别墅等建筑。通常屋面坡度为 1∶5，适用于防水等级为Ⅱ级、Ⅲ级的屋面防水。油毡瓦铺设前先安装封檐板、檐沟、滴水板、斜天沟、烟囱、透气管等部位的金属泛水，再进行油毡瓦铺设。铺设时基层必须平整，上、下两排采用错缝搭接，并用钉子固定每片油毡瓦。

(5)钢板彩瓦屋面。钢板彩瓦是采用厚度 0.5~0.8 mm 的彩色薄钢板经冷压形成，呈连片块瓦形状的屋面防水板材。横向搭接后中距 768 mm，纵向搭接后最大中距为 400 mm，挂瓦条间距为 400 mm。用拉铆钉或自攻螺丝连接在钢挂瓦条上。屋脊、天沟、封檐板、压顶板、挡水板以及各种连接件、密封件等均由瓦材生产厂配套供应。

3. 钢筋混凝土屋面板

应用钢筋混凝土技术可塑造坡屋面的任何形式效果，可作直斜面、曲斜面或多折斜面，尤其是现浇钢筋混凝土屋面，它对建筑的整体性、防渗漏、抗震害和防火耐久性等都有明显的优势。如今在住宅、别墅、仿古建筑和高层建筑中，钢筋混凝土坡屋顶已广泛应用。

六、坡屋顶的细部构造

1. 檐口构造

建筑物屋顶在檐墙的顶部称为檐口，它对墙身起保护作用，也是建筑物中的主要装饰部分。坡屋顶的檐口常做成包檐(北方称为封护檐)与挑檐两种不同形式。前者将檐口与墙齐平或用女儿墙将檐口封住；后者是将檐口挑出在墙外，做成露檐头或封檐头等形式。

2. 山墙构造

两坡屋顶尽端山墙常做成悬山或硬山两种形式。

(1)悬山是两坡屋顶尽端屋面出挑在山墙处，一般常用檩条出挑，有挂瓦板屋面则用挂瓦板出挑的形式。

(2)硬山是山墙与屋面砌平或高出屋面的形式。一般山墙砌至屋面高度时，顺屋面铺瓦的斜坡方向砌筑。铺瓦时将瓦片盖过山墙，然后用 1∶1∶6 水泥纸筋石灰浆窝瓦，再用 1∶3 水泥砂浆抹瓦出线。当山墙高出屋面时，应在山墙上做压顶，山墙与屋面相交处抹 1∶3 水泥砂浆或钉镀锌铁皮泛水。

3. 屋脊、天沟和斜沟

互为相反的坡面在高处相交形成屋脊，屋脊处应用 V 形脊瓦盖缝。在等高跨和高低跨屋面互为平行的坡面相交处形成天沟；两个互相垂直的屋面相交处，会形成斜沟。天沟和斜沟应保证有一定的断面尺寸，上口宽度不宜小于 500 mm，沟底应用整体性好的材料（如防水卷材、镀锌薄钢板等）做防水层，并压入屋面瓦材或油毡下面。

七、坡屋顶的排水与泛水

1. 排水

在雨量少的地区，简陋房屋可不装设排水设备，任雨水沿屋檐自由排下，称为无组织排水。一般在年降雨量大于 900 mm，檐口距离地高 5～8 m；或年降雨量小于 900 mm，而檐口高度 8～10 m 时方可采用无组织排水。坡屋顶排水设备有檐沟、天沟、雨水管及水斗等。

(1)檐沟。坡屋顶在屋檐处设檐沟，常用 24 号或 26 号镀锌铁皮制成，外涂防锈剂与油漆。也有采用石棉制品者，但易破裂，耐久性不及镀锌铁皮好。在采用挂瓦板的屋面中有用挂瓦板或预制钢筋混凝土檐沟者。

(2)天沟。坡屋面中两个斜面相交的阴角处应做斜天沟。一般用镀锌铁皮或彩色钢板制作，两边各伸入瓦底 100 mm，并卷起包钉在瓦下的木条上面。沟的净宽应在 220 mm 以上。

(3)雨水管与水斗。雨水管可用镀锌铁皮或铸铁制成。采用内排水时用铸铁制品；采用外排水时一般用 24 号镀锌铁皮制品。断面长方形或圆形。雨水管用(2～3)×20 mm 铁箍固定在墙上，距离墙面约 20 mm，铁箍间距 1 200 mm。水管上端连接在檐沟上，或装置水斗（水斗的作用是防止檐沟因水流不畅产生外溢），下端向墙外倾斜离地 200 mm 通达墙外明沟上部。雨水管间距一般不超过 15 m。

2. 泛水

山墙、女儿墙与屋面相交处及突出屋面的排气管、烟囱、老虎窗及屋顶窗等与屋面相连接处均需做泛水，以防接缝处漏水。泛水材料常用 1∶2.5 水泥砂浆抹灰及镀锌薄钢板或不锈钢板等金属材料制作。

八、坡屋顶的保温隔热与通风

屋顶是围护结构，应避风雨并满足保温隔热要求，寒冷地区屋面铺材不能满足保温要求，必需增铺保温隔热材料；在炎热地区则要求采用气窗、风兜等组织好屋顶内自然通风以降低室内气温。

1. 坡屋顶的保温隔热构造

坡屋顶的保温隔热构造主要有两种形式，一是保温隔热材料放在屋面基层之间；二是保温隔热材料铺在吊顶棚内，如图8-6所示。

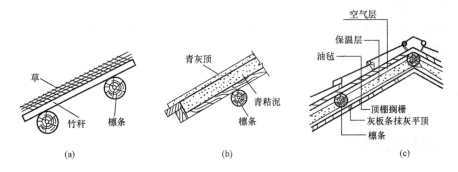

图8-6　坡屋顶的保温

（a）、（b）保温层在屋面基层中；（c）保温层在檩条之间

（1）保温隔热材料放在屋面基层之间。一般可放在檩条之间或钉在檩条下，前者可采用松散材料；后者多采用板材。材料厚度按所选的材料经热工计算决定。一般放置在檩条之间的做法，檩条往往形成冷桥。

（2）保温隔热材料铺在吊顶棚内。如采用板状或块状材料可直接搁在顶棚搁栅上，搁栅间距视板材、块材尺寸而定。如采用松散材料，则应先在顶棚搁栅上铺板，再将保温材料放在板上。如为重质松散材料（如矿渣、石灰、木屑等），主搁栅间距一般不大于 1.5 m。顶棚搁栅支撑在主搁栅的梁肩上。主搁栅与屋架下弦之间应保留约 150 mm 的空隙，屋顶内保持良好的通风。

2. 坡屋顶的通风构造

设置通风构造的主要目的是降低辐射热对室内影响，保护屋顶材料。一般设进气口和排气口，利用屋顶内外的热压和迎、背风面的压力差来加大空气对流作用，组织屋顶内自然通风，使屋顶内外空气进行更换，减少由屋顶传入的辐射热对室内的影响。根据通风口位置不同，有以下几种做法（图8-7）。

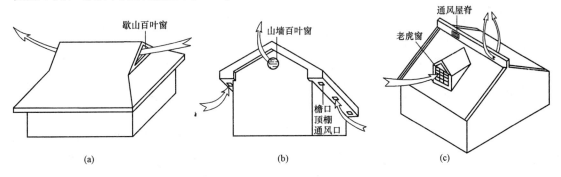

图8-7　吊顶通风

（a）歇山百叶窗通风；（b）山墙百叶窗通风；（c）气窗、老虎窗通风

（1）在我国南方广州等地，夏季炎热，除在墙上支搭临时性引风设备外，常在屋顶上迎风方向架设风兜引风入室。

（2）山墙上百叶通风窗常在房屋尽端山墙的山尖部分设置。歇山屋顶的山花处也常设百叶通风窗，在百叶后面钉窗纱以防昆虫飞入。亦有用砖砌成花格或用预制混凝土花格装于山墙顶部作通风窗。

（3）采用气窗、老虎窗通风。气窗常设于屋脊处，单面或双面开窗上盖小屋面。小屋面下不做顶棚，窗扇多用百叶窗，如兼作采光用时则装可开启的玻璃窗扇。小屋面支撑在屋顶的支撑结构屋架或檩条上。

复习思考题

1. 根据屋顶的外形和坡度划分，屋顶分为哪几类？
2. 屋顶设计的要求有哪些？
3. 简述屋面排水的设计原则及步骤。
4. 坡屋顶的形式有哪些？
5. 简述坡屋顶的通风构造。

第九章　变 形 缝

🔘 **章 重 点**

伸缩缝的设置；沉降缝的设置；防震缝的设置。

🔘 **习 目 标**

掌握变形缝的种类及其设计原则；熟悉工程经常采用的二缝合一和三缝合一的问题，难点是防震缝的设置。

当建筑物的长度过长，平面形式曲折变化，或一幢建筑物不同部分的高度或荷载有较大差别时，建筑物会由于温度变化、地基不均匀沉降以及地震的影响，使结构内部产生附加应力和变形，如不采取措施或采取措施不当，会使建筑物产生裂缝甚至倒塌，影响使用与安全。为避免这种情况的发生，可以在设计时事先将结构断开，预留缝隙，将建筑物分成若干个独立的部分，形成能自由变形而互不影响的刚度单元，不受约束，自由变形，避免破坏。建筑物中这种预留的能够适应变形需要的缝隙称为变形缝。变形缝包括三种类型：伸缩缝、沉降缝和防震缝。

第一节　伸 缩 缝

建筑物处于温度变化之中，在昼夜温度循环和较长的冬夏季节循环作用下，建筑构件会因热胀冷缩而产生裂缝或受到破坏。为了防止这类情况的发生，沿建筑物长度方向相隔一定距离预留垂直缝隙，将建筑物断开。这种为适应温度变化而设置的缝隙称为温度缝或伸缩缝。

伸缩缝是从基础顶面开始，将墙体、楼盖、屋盖全部断开。因为基础埋于地下，受气温影响较小，不必断开。

伸缩缝的设置间距，即建筑物的允许连续长度与结构所用的材料、结构类型、施工方式、建筑所处位置和环境有关。《砌体结构设计规范》(GB 50003—2011)、《混凝土结构设计规范》(GB 50010—2010)对砖石墙体、钢筋混凝土结构墙体温度伸缩缝的最大距离做了规定。

伸缩缝的最大间距与墙体的类别有关，特别是与屋顶和楼板的类型有关，一般为50～75 m。表9-1、表9-2所示分别为结构设计规范规定的各种砌体结构房屋与钢筋混凝土结构伸缩缝的最大间距。从表 9-1 中可以看出伸缩缝间距与墙体的类别有关，特别是与屋盖和楼盖的类型有关。整体式或装配整体式钢筋混凝土结构，因屋顶和楼板本身没有自由伸缩的余地，当温度变化时，在结构内部产生温度应力大，因而伸缩缝间距比其他结构形式小些。大量性民用建筑用的装配式无檩体系钢筋混凝土结构中有保温层或隔热层的屋盖，其伸缩缝间距相对要大些。

表 9-1　砌体结构房屋伸缩缝的最大间距　　　　　　　　　　　　　　　　m

屋盖或楼盖的类别		间距
整体式或装配整体式钢筋混凝土结构	有保温层或隔热层的屋盖、楼盖	50
	无保温层或隔热层的屋盖	40
装配式无檩体系钢筋混凝土结构	有保温层或隔热层的屋盖、楼盖	60
	无保温层或隔热层的屋盖	50
装配式无檩体系钢筋混凝土结构	有保温层或隔热层的屋盖	75
	无保温层或隔热层的屋盖	60
瓦材屋盖、木层盖或楼盖、轻钢屋盖		100

注：1. 对烧结普通砖、烧结多孔砖、配筋砌块砌体房屋，取表中数值；对石砌体，蒸压灰砂普通砖、蒸压粉煤灰变通砖、混凝土砌块、混凝土普通砖和混凝土多孔砖房屋，取表中数值乘以 0.8 的系数，当墙体有可靠外保温措施时，其间距可取表中数值。

2. 在钢筋混凝土屋面上挂瓦的屋盖应按钢筋混凝土屋盖采用。

3. 层高大于 5 m 的烧结普通砖、烧结多孔砖、配筋砌块体结构单层房屋，其伸缩缝间距可按中数值乘以 1.3。

4. 温差较大且变化频繁地区和严寒地区不采暖的房屋及构筑物墙的伸缩缝的最大间距，应按表中数值予以适当减小。

5. 墙体的伸缩缝应与结构的其他变形缝相重合，缝宽度与满足各种变形缝的变形要求；在进行立面处理时，必需保证缝隙的变形作用。

表 9-2　钢筋混凝土结构房屋伸缩缝的最大间距　　　　　　　　　　　　　　m

结构类型		室内或土中	露　天
排架结构	装配式	100	70
框架结构	装配式	75	50
	现浇式	55	35
剪力墙结构	装配式	65	40
	现浇式	45	30
挡土墙及地下室墙壁等类结构	装配式	40	30
	现浇式	30	20

注：1. 装配整体式结构的伸缩缝间距，可根据结构的具体情况取表中装配式结构与现浇式结构之间的数值。

2. 框架-剪力墙结构或框架-核心筒结构房屋的伸缩缝间距，可根据结构的具体情况取表中框架结构与剪力墙结构之间的数值。

3. 当屋面无保温或隔热措施时，框架结构、剪力墙结构的伸缩缝间距宜按表中露天栏的数值取用。

4. 现浇挑檐、雨罩等外露结构的局部伸缩缝间距不宜大于 12 m。

第二节　沉降缝

为防止建筑物各部分由于地基不均匀沉降引起房屋破坏所设置的竖向缝称为沉降缝。

沉降缝的宽度与地基情况及建筑高度有关，地基越弱的建筑物，建筑产生沉陷的可能性越高；建筑越高，沉陷后所产生的倾斜距离越大，要求的缝宽越大。沉降缝的宽度见表 9-3。

表 9-3　沉降缝的宽度

地基性质	房屋高度 H	缝宽 B/mm
一般地基	<5 层	30
	5～10 层	50
	10～15 层	70
软弱地基	2～3 层	50～80
	4～5 层	80～120
	5 层以上	>120
湿陷性黄土地基	—	≥30～70

注：沉降缝两侧单元层数不同时，由于高层影响，低层倾斜往往很大，因此宽度按高层确定。

沉降缝将房屋从基础到屋顶全部构件断开，使各部分形成能各自自由沉降的独立的刚度单元。基础必需断开是沉降缝不同于伸缩缝的主要特征。沉降缝一般在下列部位设置：平面形状比较复杂，各部分的连接又比较薄弱时，建筑物高度或荷载差异较大处；结构类型或基础类型相差较大处；地基土层有不均匀沉降处；原有建筑物和新建或扩建的建筑物之间。

不属于扩建的工程还可以用加强建筑物的整体性等方法来避免不均匀沉降；或者在施工时采用后浇板带法，即先将建筑物分段施工，中间留出约 2 m 左右的后浇板带位置及连接钢筋，待各分段结构封顶并达到基本沉降量后再浇筑中间的后浇板带部分，以此来避免不均匀沉降有可能造成的影响。但是，这样做必需对沉降量把握准确，因为在建筑的某些部位会因特殊处理而需要较高的投资，所以大多数建筑目前还是选择设置沉降缝的方法来将建筑物断开。

第三节 防 震 缝

在抗震设防烈度 7~9 度的地区内应设防震缝。在此区域内,当建筑物高差在 6 m 以上,或建筑物有错层,且楼板错层高差较大或构造形式不同,或承重结构的材料不同时,一般在水平方向会有不同的刚度。因此,这些建筑物在地震的影响下,会有不同的振幅和振动周期。这时如果将房屋的各部分相互连接在一起,则会产生裂缝、断裂等现象,因此应设防震缝,将建筑物分为若干体型简单、结构刚度均匀的独立单元。防止在地震波作用下相互挤压、拉伸,造成变形和破坏。对多层砌体建筑来说,遇下列情况时宜设防震缝:

(1)建筑立面高差在 6 m 以上时;

(2)建筑错层楼板相差 1/3 层高或 1 m 时;

(3)建筑物相邻部分各段刚度、质量、结构形式均不同时。

一般情况下防震缝仅在基础以上设置,但防震缝应同伸缩缝、沉降缝协调布置,做到一缝多用。当防震缝与沉降缝结合设置时,基础也应断开。

防震缝的宽度,根据《建筑抗震设计规范》(GB 50011—2010)的规定,多层砌体房屋中,缝宽应根据烈度和房屋高度确定,可采用 50~100 mm;多层和高层钢筋混凝土房屋,当高度不超过 15 m 时可采用 70 mm,超过 15 m 时,抗震设防烈度 6 度、7 度、8 度和 9 度相应增加高度 5 m、4 m、3 m、2 m,宜加宽 20 mm。

第四节 墙体变形缝

一、变形缝的构造

伸缩缝应保证建筑构件在水平方向自由变形,沉降缝应满足构件在垂直方向自由沉降变形,防震缝主要是防地震水平波的影响。三种缝的构造基本相同,其构造要点是:

伸缩缝应保证建筑构件在水平方向自由变形。为防止风雨对室内的影响,外墙外侧缝口,应填塞或覆盖具有防水、保温、防腐性能的弹性材料,如沥青麻丝、油膏等。

当变形缝宽度较小时,可采用镀锌铁皮、铅板盖缝调节,如图 9-1(a)所示。填缝或盖缝材料和构造应保证结构在水平方向的自由伸缩。内墙变形缝应进行表面处理,可采用具有一定装饰效果的木条或金属盖缝,仅一边固定在墙上,允许自由移动,如图 9-2(a)所示。

沉降缝应满足构件在垂直方向自由沉降变形。沉降缝一般兼起伸缩缝的作用。墙体沉降缝构造与伸缩缝构造基本相同,只是调节片或盖缝板在构造上能保证两侧结构在竖向的相对变位不受约束,其构造如图 9-1(b)、图 9-2(b)所示。

防震缝主要是防地震水平波的影响。它的构造与伸缩缝、沉降缝构造基本相同，只是防震缝宽度较大，其构造如图9-1(c)、图9-2(c)所示。

按照建筑物承重系统的类型，在变形缝的两侧设双墙或双柱，如图9-3(a)所示。此种做法较为简单，但容易使缝两侧的结构基础产生偏心。当用于伸缩缝时，因为基础可以不断开，所以不存在此问题。

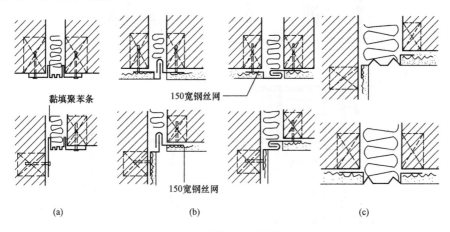

图9-1　外墙面变形缝构造

(a)外墙伸缩缝盖缝；(b)外墙沉降缝盖缝；(c)外墙防震缝盖缝

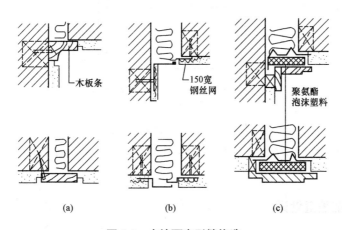

图9-2　内墙面变形缝构造

(a)内墙伸缩缝盖缝；(b)内墙沉降缝盖缝；(c)内墙防震缝盖缝

变形缝两侧的垂直承重构件分别退开变形缝一定距离，或单边退开，再用水平构件悬臂向变形缝的方向挑出，如图9-3(b)所示。此方法基础部分容易脱开距离，设缝较方便，特别适用于沉降缝。另外，建筑的扩建部分也常常采用单边悬臂的方法，以避免影响原有建筑的基础。

用一段简支的水平构件做过渡处理，即在两个独立单元相对的两侧各伸出悬臂构件来支撑中间一段水平构件，如图9-3(c)所示。此方法多用于连接两个建筑物的架空走道等，但在抗震设防地区需慎用。

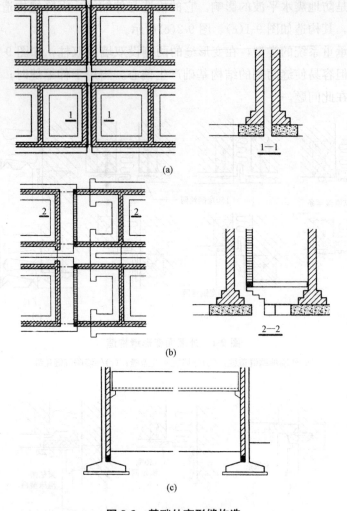

图 9-3　基础处变形缝构造

(a)双墙承重方案；(b)悬梁承重方案；(c)简支水平构件设变形缝方法示意图

二、变形缝做盖缝处理

为了满足使用的需要，在建筑物设变形缝的部位必须全部做盖缝处理(图 9-1)。对于外围护结构部分的变形缝，还要防止渗漏以及热桥的产生，同时应考虑美观问题。为此，对变形缝做盖缝处理时应注意以下几点：

(1)所选择盖缝板的形式必须能够符合所属变形缝类别的变形需要。如伸缩缝上的盖缝板必需适应水平方向的位移，沉降缝上的盖缝板则必需适应垂直方向的位移。

(2)所选择盖缝板的材料及构造方式必须能够符合变形缝所在部位的其他功能需要。如用于外墙面部位的盖缝板，应选择不易锈蚀的材料，常采用镀锌铁皮、彩色薄钢板、铝皮等，并做好防水处理。

需要注意的是，对于高层建筑及防火要求较高的建筑物，室内变形缝四周的基层，应采用不燃烧材料，表面装饰层也应采用不燃或难燃材料。在变形缝内不应敷设电缆、可燃气体管道和易燃或可燃液体管道，如必须穿过变形缝时，应在穿过处加设不燃烧材料套管，并应采用不燃材料将套管两端空隙紧密填塞。

（3）在变形缝内部，应当采用具有自防水功能的柔性材料来塞缝，如挤塑型聚苯板、沥青麻丝、橡胶条等，以防止"热桥"的产生。

三、楼地层变形缝

楼地层变形缝的位置与缝宽应与墙体变形缝一致。变形缝也常以沥青麻丝、油膏、金属调节片等弹性材料填缝或盖缝，上铺与地面材料相同的活动盖板、铁板或橡胶板等以防灰尘下落，如图9-4所示。卫生间等有水房间中的变形缝还应做好防水处理。顶棚的缝隙盖板一般为木质或金属，木盖板一般固定在一侧以保证两侧结构的自由伸缩和沉降，如图9-5所示。

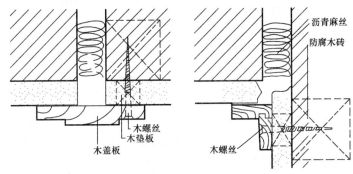

图9-4　地面变形缝的构造

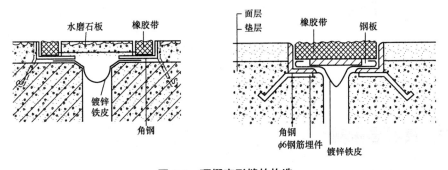

图9-5　顶棚变形缝的构造

四、屋顶变形缝

屋顶变形缝的位置与缝宽应与墙体、楼地层的变形缝一致。缝内用沥青麻丝、金属调节片等材料填缝和盖缝。屋顶变形缝一般设于建筑物的高低错落处，也可设于两侧屋面处于同一标高处。

等高屋面通常在缝隙两侧加砌矮墙，以挡住屋面雨水，按屋面泛水构造要求处理屋面卷材防水层与矮墙面的连接，允许两侧结构自由伸缩或沉降而不致渗漏雨水，缝隙中应填以沥青麻丝等具有一定弹性的保温材料，顶部缝隙用镀锌铁皮盖缝，也可铺一层卷材后用混凝土盖板压顶，如图9-6所示。

不等高屋面通常在标高较低屋面板上加砌矮墙，构造做法同泛水，可用镀锌铁皮盖缝并固定在标高较高一侧墙上，也可从标高较高一侧墙上悬挑出钢筋混凝土板盖缝，如图9-7所示。

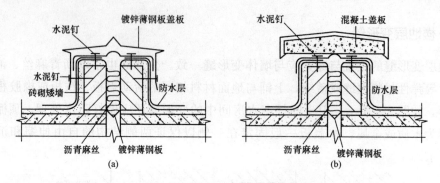

图9-6　等高屋面变形缝的构造

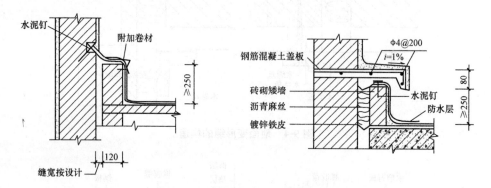

图9-7　不等高屋面变形缝的构造

复习思考题

1. 为什么要设置变形缝？

2. 什么是伸缩缝？什么是沉降缝？什么是防震缝？

3. 上述三种变形缝分别是在什么情况下设置的？它们的宽度是如何确定的？

4. 简述上述三种变形缝在构造上的异同点。

第十章　绿色建筑与建筑节能

🏠 **本章重点** ·:
绿色建筑的概念；建筑节能的含义；建筑节能的措施；新风系统的概念。

📖 **学习目标** ·:
熟悉绿色建筑的概念；掌握建筑节能的措施；了解新风系统的概念。

第一节　绿色建筑

绿色建筑是指在建筑的全寿命周期内，最大限度地节约资源（节能、节地、节水、节材）、保护环境和减少污染，为人们提供健康、适用和高效的使用空间，与自然和谐共生的建筑，如图 10-1 和图 10-2 所示。

　　　图 10-1　日本太阳能住宅　　　　　　　图 10-2　英国 Integer 绿色住宅示范房

第二节　建筑节能

一、建筑节能的构造

(1)建筑节能工程常用术语。

1)建筑节能：建筑节能是指在建筑工程设计和建造中依照国家有关法律、法规的规定，采用节能型的建筑材料、产品和设备，提高建筑物围护结构的保温隔热性能和采暖空调设备的能效比，减少建筑使用过程中的采暖、制冷、照明能耗，合理有效地利用能源。

2）围护结构：围护结构是指建筑及房间各面的围挡物。

3）围护结构的保温性能：围护结构的保温性能通常是指在冬季室内外条件下，围护结构阻止室内向室外传热，从而使室内保持适当温度的能力。

（2）建筑节能的重要性。

1）提高能源利用效率，减少建筑使用耗能，解决经济发展、大规模城乡建设与能源短缺的矛盾。

2）降低粉尘、烟尘和 CO_2 等温室气体的排放，减少大气污染和对生态环境的危害。

3）提高住宅的保温隔热性能，改善居住舒适度。

（3）建筑节能的主要途径。

1）建筑围护结构节能。

2）采暖供热系统节能，如图 10-3 所示。

图 10-3　采暖供热系统节能

二、建筑节能的技术措施

常见的建筑节能技术措施有：围护结构节能、能源系统节能控制、新风处理及空调系统的余热回收、太阳能一体化建筑、采用节能产品等。

这里只介绍建筑围护结构节能措施与构造。

1. 墙体节能构造

（1）夹芯复合墙是将保温层夹在墙体中间，如图 10-4 所示。

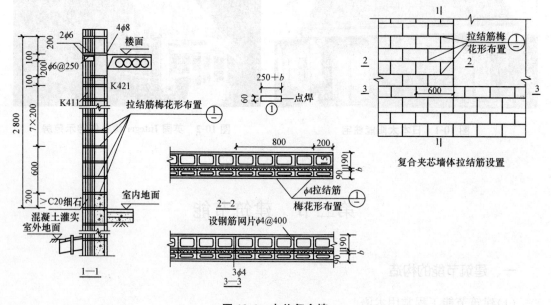

图 10-4　夹芯复合墙

(2)外保温复合墙。在承重外墙(基层)外表面上，粘贴或吊挂聚苯板或岩棉板，然后贴上网布或挂钢筋网增强，再作饰面涂层形成外墙保温复合墙，如图 10-5 和图 10-6 所示。

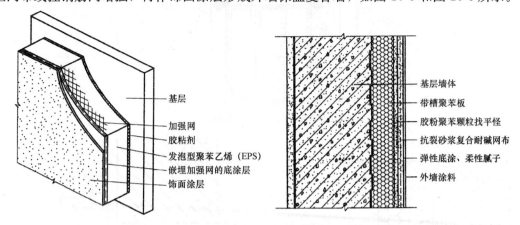

图 10-5　EPS 板现浇混凝土外墙外保温系统基本构造
(带胶粉聚苯颗粒保温浆料找平)

图示标注：基层、加强网、胶粘剂、发泡型聚苯乙烯(EPS)、嵌埋加强网的底涂层、饰面涂层；基层墙体、带槽聚苯板、胶粉聚苯颗粒找平怪、抗裂砂浆复合耐碱网布、弹性底涂、柔性腻子、外墙涂料

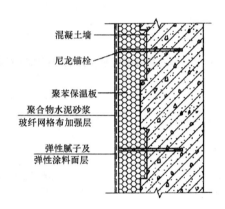

图 10-6　EPS 板现浇混凝土外墙外保温系统基本构造
(不带胶粉聚苯颗粒保温浆料找平)

图示标注：混凝土墙、尼龙锚栓、聚苯保温板、聚合物水泥砂浆玻纤网格布加强层、弹性腻子及弹性涂料面层

(3)内保温复合墙。内保温复合墙是指由承重材料与高效保温材料进行复合组成的墙体。承重材料可为砖、砌块和混凝土墙体，高效保温复合材料可为聚苯板、充气石膏面板等，如图 10-7 所示。

2. 屋顶节能构造

建筑屋面与墙体同属于建筑围护结构，屋面保温隔热工程是建筑节能工程重要的组成部分，如图 10-8～图 10-10 所示。

3. 门窗节能构造

提高门窗保温隔热性能的技术措施如下：

(1)增加门窗框型材的热阻值。目前节能保温门窗的框材，主要以塑料、断热铝合金、玻璃钢三种材质为主。

(2)门窗镶嵌的玻璃可用隔热效果较好的中空玻璃。

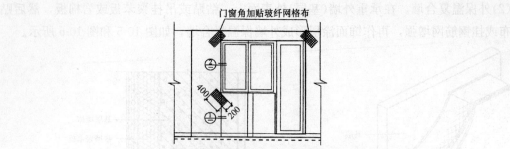

增强石膏聚苯复合保温板粘贴立面示例

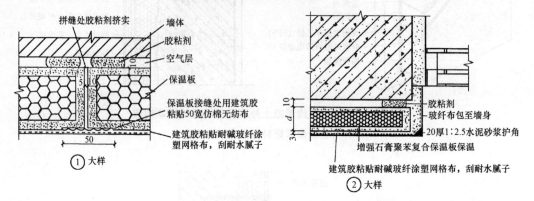

图 10-7　增强石膏聚苯板复合外墙内保温示意图

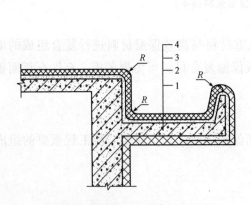

图 10-8　檐沟防水保温层的构造

1—结构层；2—找平层或找坡层；
3—聚氨酯硬泡体喷涂保温层；4—保护层

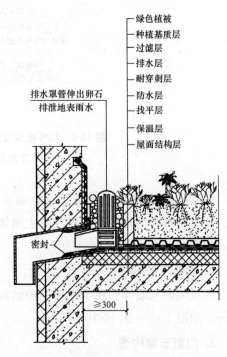

图 10-9　种植屋面女儿墙外排水构造

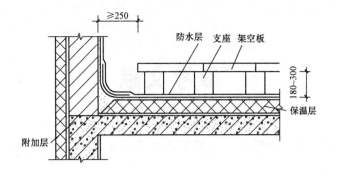

图 10-10　预制细石混凝土板架空屋面

(3)提高门窗气密性。合理选择窗型减少不必要的缝隙；增加密封道数并选用优质密封橡胶条；合理选用五金件，最好选用多锁点的五金件。

(4)设置建筑物遮阳设备。

三、新风系统的概念

(1)新风系统的原理。新风系统就是对住宅内所有房间的空气实行持续单向(进或排)或双向(进和排)通风、实行集中或分散控制的系统。

(2)新风系统的优点。

1)排出室内每一个角落的浑浊空气。

2)将室外新鲜空气经过滤后输入室内各处。

3)通过能量交换，节约能源。

4)低噪音设计。

▷ 复习思考题

1. 绿色建筑的定义是什么？

2. 建筑节能的重要性有哪些？

3. 建筑节能的措施有哪些？

4. 新风系统的优点有哪些？

参考文献

[1]《建筑节点构造图集》编委会 . 建筑节点构造图集[M]. 北京：中国建筑工业出版社，2010.

[2]《建筑结构构造资料集》编辑委员会 . 建筑结构构造资料集[M]. 北京：中国建筑工业出版社，2009.

[3] 李必瑜，王雪松 . 房屋建筑学[M]. 5 版 . 武汉：武汉理工大学出版社，2014.

[4] 同济大学，等 . 房屋建筑学[M]. 4 版 . 北京：中国建筑工业出版社，2006.

[5] 张宏哲 . 房屋建筑学 [M]. 南京：江苏科学技术出版社，2013.

[6] 陈守兰，赵敬辛 . 房屋建筑学[M]. 北京：科学出版社，2014.

[7] 王卓 . 房屋建筑学 [M]. 北京：清华大学出版社，2012.